气象防灾减灾科普知识丛书

中小学
气象防灾减灾
知识读本

王建忠　主编

中原出版传媒集团
中原传媒股份公司
海燕出版社

图书在版编目（CIP）数据

中小学气象防灾减灾知识读本 / 王建忠主编. — 郑州：
海燕出版社, 2014.5（2019.2重印）
（气象防灾减灾科普知识丛书）
ISBN 978-7-5350-5562-0

Ⅰ.①中… Ⅱ.①王… Ⅲ.①气象灾害-灾害防治-青少
年读物 Ⅳ.①P429-49

中国版本图书馆CIP数据核字(2014)第084536号

责任编辑：王茂森
　　　　　王　敏
责任校对：黄秀琴

出版发行：海燕出版社
社　　址：郑州市郑东新区祥盛街27号（邮编：450016）
电　　话：0371－63834455
网　　址：http：//www.haiyan.com
印　　刷：郑州市毛庄印刷厂
开　　本：700mm×1000mm　1/16
印　　张：7.5
字　　数：150千字
版　　次：2014年5月第1版
印　　次：2019年2月第11次印刷
定　　价：20.00元

序

　　气象科普是国家科普事业和国家气象事业的重要组成部分，是提升国民科学素养的重要方面，是提高国家防灾减灾能力的重要手段。政府和社会各界高度重视气象科普这一公益事业，建设了大量气象科普场馆和设施，开展了形式多样的气象科普活动。

　　中小学校一直是气象科普的重要领域。近年来，各地深入开展气象科普进校园活动，从广大青少年开始普及气象知识，了解和掌握气象对人类社会生产生活的影响，增强广大青少年应对气象灾害的能力，同时也营造了学习科学知识的氛围，培养了学生们的科学兴趣，提高了广大青少年的科技素养。

　　为更好地实现气象科普与校园课程需求的有效对接，让中小学生掌握更多的气象防灾减灾科普知识，河南省气象局组织编写了《中小学气象防灾减灾知识读本》，从关注身边的科学现象和科学知识入手，力求以简单有趣的语言，让气象这门既熟悉又神秘的科学通俗化。

　　本书以中小学生为阅读对象，图文并茂、通俗易懂，用生动、形象的语言和画面解释天气现象、天气预报制作、气象灾害防御等气象知识，具有较强的可读性、可知性，符合孩子的认知水平，很适合中小学阶段学生的学习和教育。

　　希望这本有特色的校园气象科普知识读本，可以在中小学气象知识普及中发挥作用，培养和提高孩子防灾减灾的能力，特别是开拓、延伸、补充孩子的课本知识，深化科学意识，培养科学精神，训练科学技能，达到全面提高中小学生科学素养的目的。

　　我们期待气象科普之花开满校园。

　　　　　河南省气象局党组书记　局长　王建国

目录

第一单元

认识四季

草船借箭

　　三国时期，曹操率领大军南下，攻打东吴，孙权和刘备联合抗曹。当时东吴都督周瑜非常嫉妒诸葛亮的才能，决定用计谋置诸葛亮于死地。有一次，孙刘联军的箭快用完了，周瑜要诸葛亮在10天之内交出10万支箭。这本是不可能做到的事，但诸葛亮胸有成竹，满口答应下来，还告诉周瑜不用10天，只需3天足矣，并立下军令状：三日不办，甘当重罚。

草船借箭

　　诸葛亮其实早已暗观天象，知道第三天必定起大雾，所以早就想好了良计。果然，第三天起了大雾，诸葛亮向鲁肃借来几十艘船只和百余兵丁，锣鼓齐备，并且在船上遍扎草人，开到曹营附近擂鼓呐喊。诸葛亮料定曹兵在大雾天不会出战，只会射箭退敌。果不其然，曹操并不出战，只命曹兵乱箭拒敌。在曹兵乱箭之下，成千上万支箭扎在草人之上，遍布船只两边。诸葛亮估计射来的箭早已10万有余，便命众军士高喊谢曹丞相赐箭，收船回营。待曹兵知道上当来追时，诸葛亮他们早已返回江东大营了。这就是历史上有名的草船借箭。

　　诸葛亮之所以能顺利借到10万支箭，和他对大雾天气的准确预测密不可分。可见，及时、准确地了解天气状况，在战争中可以起到事半功倍的作用。

第一节

春

春天到了，万物复苏，桃红柳绿，各种花儿竞相开放，到处都呈现出一派生机勃勃的景象。

春天天气变化多端，忽阴忽晴，忽雨忽风，好像小孩子一样，"喜怒"无常。这是因为春天来到后，北方冷空气势力仍十分强盛，暖空气势力也很活跃，冷暖空气势力经常进行较量，所以就产生了多变的天气，这是春季气候的一般规律。

丁丁小博士
春季

春天是一年的第一个季节，为公历3—5月。气温渐渐回升，万物生机萌发，但初春时节，天气多变，乍暖还寒。

气象老人
气候学上的春天

在气候学上，以冬季以后连续5天的日平均气温稳定超过10℃的首日作为春季的开始。春天气温适中，生机盎然，同学们可以经常到大自然中感受自然万物的萌动。

第二节
夏

夏天是一年中最热的季节。但是，夏天也是美丽的、迷人的、令人向往的，我们可以在夏天开展很多有趣的活动。

在夏季，经常听到"热在三伏"这句话，三伏天是一年中最热的时段，一般出现在每年的7月中旬到8月中旬之间。当气温高于35℃时，人容易中暑，而最高气温达到37℃以上时，中暑的人数会急剧增加。因此，这段时间要注意防暑降温，保养好身体，学校也选择了这个时期放暑假。

丁丁小博士
夏季

在日常生活中，人们通常把立夏节气的到来作为夏季的开始。夏季为6—8月，天气炎热、多雨。

在北半球的夏季，各类生物已经恢复生机，大都开始旺盛的生命活动，动物选择夏季交配，植物竞相开花。

气象老人
气候学上的夏天

在气候学上，以连续5天的日平均气温稳定超过22℃的首日作为夏季的开始。夏季天气炎热，建议同学们多选择游泳、早晚慢跑等体育活动来锻炼身体。

第三节
秋

　　秋天是由夏天到冬天的过渡季节，秋天又是收获希望和喜悦的季节。进入秋季，温度渐降、秋风送爽、炎暑顿消、硕果满枝、田野金黄。

　　每当秋天来临的时候，一股股的冷空气从西伯利亚南下进入我国大部分地区，当它和南方正在逐渐衰退的暖湿空气相遇后，便形成了雨。一次次冷空气的南下，常常造成一次次的降雨，并使当地的温度一次次降低。连续几次冷空气南下，降几场雨，气温就逐次下降，天气自然就转凉了，这就是俗话说的"一场秋雨一场寒"。

丁丁小博士
秋季

　　秋季为9—11月。我国大部分地区的秋季，云淡风轻，硕果累累，正是收获的季节。

气象老人
气候学上的秋天

　　在气候学上，以夏季以后连续5天的日平均气温稳定在22℃以下时就算进入了秋季。秋高气爽，很适宜开展室外活动，如爬山、郊游等。

第四节

冬

冬天是一年中最寒冷的季节，很多人不喜欢这个缩手缩脚的季节，但又有很多人期盼这个季节，因为可以看到雪。

很多人认为，冬至应该是最冷的时候，实际上不是这样的。冬至以后才是真正数九寒天的到来，因为此时仍然是白天比黑夜短，地面每天吸收的热量还是比散失的热量少，气温继续天天下降，到三九前后，地面积蓄的热量最少，天气也就最冷了。

丁丁小博士
冬季

冬季为12月—次年2月。冬季冰天雪地，寒风凛冽。

气象老人
气候学上的冬天

从气候学上讲，把连续5天的日平均气温低于10℃的首日算作冬季的开始。冬天万物都进入了休眠期，但同学们要适度地进行一些体育锻炼来增强体质，勤锻炼，多喝水。

丁丁小博士
中国的四季如何划分？

四季是人类对地球上自然环境的直觉感受形成的概念，由于季节划分的标准各异，因而季节划分的时段和长短是不一致的。

我国幅员辽阔、地形复杂，要作全国性的气候四季划分是十分困难的，而且一般人们也不容易直观接受，所以出现了天文四季与气候四季相结合的四季划分法，就是我们现在一般习惯概念上的四季，以3—5月为春季、6—8月为夏季、9—11月为秋季、12月—次年2月为冬季。

气象老人
中国的四季都有什么特点？

中国的四季，气候不仅极端，而且类型多种多样。

中国有世界上同纬度较热的夏天和最冷的冬天，如哈尔滨冬天最冷月1月的平均气温为 –19.4℃，最热月7月的平均气温为22.8℃，年温差可达40℃以上。

中国有全年长夏的地方，如南海中的西沙、中沙、南沙群岛；有全年长冬的地方，如青藏高原等高海拔地区；有四季如春的地方，如云贵高原南部；有长冬无夏、春秋相连的地方，如东北大小兴安岭和内蒙古东部地区；还有长夏无冬、春秋相连的地方，如南岭以南的两广和福建南部地区。

小 贴 士
二十四节气

二十四节气，是中国劳动人民在长期的生产劳动中逐渐总结出来的。早在2400年前的春秋时期，就确立了四立（立春、立夏、立秋、立冬）。在《吕氏春秋》十二纪中，已记载了完整的八个节气（四立、二至、二分）。而在西汉《淮南子》一书中，则可见到完整的二十四节气的最早记载。二十四个节气，很有规律地反映出季节、气候与农事的关系。它一直对农业生产起着指导作用，是我国古代农业气候学的萌芽。

二十四节气歌

春雨惊春清谷天，

夏满芒夏暑相连。

秋处露秋寒霜降，

冬雪雪冬小大寒。

气象之最

世界上最早的完整气象记录用甲骨文刻在龟甲上。

世界上最早的测风仪是东汉张衡发明的，叫候风乌。

世界上最早给风确定十个级别的人是中国唐朝的李淳风。

世界上最早全国统一颁发雨量器，进行雨量观测是在中国明朝永乐年间。

龟甲上的气象记录　　　　候风乌　　　　　李淳风像　　　　　测雨台

说一说

你记住气候学上划分四季的标准了吗？

画一画

把你最喜欢的季节画出来吧！

第二单元

万千气象

气象小故事

枪声引来雾雨风

1978年6月的一天上午11时许，云南碧罗山上的子里湖畔晴空万里，骄阳似火。中国科学院昆明动物研究所一行十几人正在这里采集标本。忽然，从树丛中跑出一只麂子，一名科研人员立即举起随身带的猎枪，向麂子连射几枪，麂子应声倒地。但过了三四分钟后，当他们扛着猎物在山坡上行走时，漫天大雾立即迎头罩来，顿时天昏地暗，咫尺难辨，接着狂风呼啸，大雨倾盆。这突如其来的大雾，搞得他们莫名其妙。

半个月后，他们第二次登碧罗山，在维马湖畔宿营。天黑前他们为了采集鱼类标本，便用炸药在湖里炸鱼，也放枪打过麂子。晚上11点钟左右，又来了暴风雨。好在这次他们都在宿营地，没有迷路。暴雨说来就来，真让人难以捉摸。

又过了一个半月，在晴空万里的一天，他们第三次登上碧罗山，在提巴比石湖边又发现了麂子，有人先开了两枪，没打中。3分钟后，那只麂子又从草丛中窜出，他们又开了两枪。还没等弄清楚麂子打没打中，刹那间天昏地暗，乌云翻滚而来，大风、大雾接踵而至。他们怕迷路，立即鸣枪互相联系，返回宿营地。

回想起来，他们每次鸣枪或实施爆炸之后，都会引来大雾、大雨或大风，这难道只是巧合？科学家们对这些能"呼风唤雨"的湖泊进行了研究，认为这种现象与当地地形和气候条件有关。湖区湿季里高温、高湿，但湖水却源自山顶雪水，温度极低，从而在湖面上空形成了一个逆温层。由于这些湖泊处于山谷洼地，平时很少有风，这使湖面的低温层与上空的高温、高湿空气层能保持极不稳定的平衡，一旦有外界的声浪冲击，就会导致上下空气层的剧烈对流，造成猛烈的狂风。湿度大的空气遇到冷空气又迅速凝结成水滴，顿时产生了大雨。

第一节
大气的组成

　　大气是指包围在地球表面并随地球旋转的空气层，在地球引力作用下，大量气体聚集在地球周围，形成厚厚的大气层，随着离地面高度的增加而变得愈来愈稀薄。大气是维持地球上生物生命所必需的，而且参与地球表面的各种过程，它锁住了氧气的泄漏，将流星陨石阻挡在大气层外或将它们烧毁在大气层中。如果大气层消失，地球水分将会一夜之间化为乌有，生命枯竭，地球就会跟月球、火星一样，只剩下一块岩石。

气象老人
地球大气层分为哪几层？

　　整个大气层随高度不同表现出不同的特点，从低到高可以分为5层，依次是对流层、平流层、中间层、热层和外大气层。

对流层（0—10千米）

　　对流层占据了整个大气层约80%的质量，几乎所有的水汽都集中于此。因此，我们常见的风、霜、雨、雪、云、雾、冰雹等变化多端的天气现象都发生在这一层。该层中的温度随高度的升高逐渐降低，平均每升高1000米气温降低6.5℃，这就是对流层气温垂直变化规律。

平流层（10—50千米）

　　平流层大气主要以平流运动为主，晴朗无云，有利于高空飞行，飞机一般在这一层中飞行。在20—30千米高处，存在臭氧层，吸收来自太阳的紫外线，像一道屏障保护着地球上的生物免受太阳高能粒子的袭击，使平流层气温随高度的升高而上升。

中间层（50—80千米）

进入大气的流星体大部分在中间层燃尽。该层气温随高度的升高迅速下降。

热层（80—500千米）

热层大气处于高度电离状态，能够反射无线电短波，对无线电通信有重要作用；同时，极光也发生在该层。热层大气非常稀薄，但温度却极高，且随高度增加而迅速升高。

地球大气层示意图

外大气层（500—1000千米）

外大气层是大气层的最外层，温度极高，可达数千摄氏度；空气极为稀薄，受地心引力极小，气体和微粒可以脱离地球引力逃逸到宇宙空间去，因此又叫散逸层。外大气层可以看作是地球大气层与星际空间的过渡地带。

丁丁小博士

大气由哪些成分组成？

大气主要由78%的氮气、21%的氧气，还有1%的稀有气体和杂质组成。它是一个保护层，使人类免受有害射线的照射，同时提供人类生存所必需的氧气，与阳光、水分一样是不可缺少的。

说一说

让我们不受紫外线伤害的臭氧层在大气层的哪一层？

第二节

认识天气现象

　　天气现象是指发生在大气中的各种物理现象。人们常见的风、雨、雪、冰雹、雾、露、闪电等都是天气现象，可将它们分为降水现象、地面凝结和冻结现象、视程障碍现象、雷电现象和其他现象等，这些现象都是在一定的天气条件下产生的。气象部门记录的34种天气现象的名称分别为：雨、阵雨、毛毛雨、雪、阵雪、雨夹雪、阵性雨夹雪、霰、米雪、冰粒、冰雹、露、霜、雨凇、雾凇、雾、轻雾、吹雪、雪暴、烟幕、霾、沙尘暴、扬沙、浮尘、雷暴、闪电、极光、大风、飑、龙卷、尘卷风、冰针、积雪、结冰。下面我们来科学地认识一些常见的天气现象。

气象老人
一些常见的天气现象

雨

　　雨是滴状的液态降水，下降时清楚可见，强度变化较缓慢，落在水面上会激起波纹和水花，落在干地上可留下湿斑。

雪

　　空气中降落的白色结晶，多为六角形，是气温降低到0℃以下时，空气层中的水蒸气凝结而成的。

冰雹

　　冰雹是坚硬的球状、锥状或形状不规则的固态降水，雹核一般不透明，外面包有透明的冰层，或由透明的冰层与不透明的冰层相间组成。常见的冰雹一般像玉米粒、拇指或乒乓球般大小，有时也会有鸡蛋或拳头那么大，常伴随雷暴出现。

霜

霜是水汽在地面和近地面物体上凝华（水汽不变成水滴直接凝固）而成的白色松脆的冰晶，或由露冻结而成的冰珠。霜比较容易在晴朗风小的夜间生成。

雾凇

雾凇是空气中水汽直接凝华，或过冷却雾滴直接冻结在物体上的乳白色冰晶物，常呈毛茸茸的针状或表面起伏不平的粒状，多附在细长的物体或物体的迎风面上。

雾

雾是由无数悬浮于低空的细小水滴或冰晶组成的，并使水平能见度小于1000米的现象。雾实际上也可以说是接地的云。

霾（mái）

霾是一种大量极细微的干尘粒（烟粒、尘粒、盐粒等）均匀地浮游在空中，使水平能见度小于10千米的空气普遍混浊现象。霾对人体健康危害非常大。

沙尘暴

沙尘暴是由于强风将地面大量尘沙吹起、使空气相当混浊、水平能见小于1000米的灾害性天气现象。沙尘暴是一种自然灾害，使人感到呼吸困难，还会造成交通堵塞，危害严重。

雷暴

雷暴是在积雨云云中、云间或云地之间产生的放电现象，表现为闪电还有雷声，有时也可听到雷声而不见闪电。

大风

当瞬时风速达到或超过17.2米/秒，即风力达到或超过8级时就称为大风。大风能折毁树枝，摧毁房屋、庄稼和通信设施，而且能引起飞沙走石，属灾害性天气。

飑（biāo）

飑是突然发作的强风，持续时间短，出现时瞬时风速突增，风向突变，气象要素随之亦有剧烈变化，常伴随雷雨出现，属灾害性天气。

丁丁小博士
雾与霾的区别

雾与霾主要区别有以下几点：

(1)能见度范围不同。雾的水平能见度小于1千米，霾的水平能见度小于10千米。

(2)相对湿度不同。雾的相对湿度大于95%，霾的相对湿度小于80%；相对湿度介于80%—95%的时候，按照地面气象观测规范规定的描述或大气成分指标进一步判识。

(3)厚度不同。雾的厚度只有几十米至200米左右，霾的厚度可达1—3千米左右。

(4)边界特征不同。雾的边界很清晰，过了"雾区"可能就是晴空万里，但是霾与晴空区之间没有明显的边界。

(5)颜色不同。雾的颜色是乳白色、青白色，霾则是黄色、橙灰色。

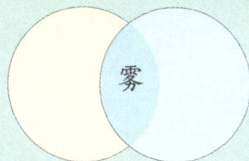

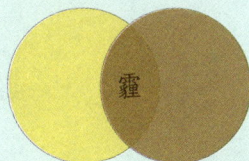

(6)日变化不同。雾一般午夜至清晨最易出现；霾的日变化特征不明显，当气团没有大的变化，空气团较稳定时，持续出现时间长。

说一说

你能说出多少种天气现象？

第三节

认识天气符号

　　天气符号是表示各种天气现象、云状、天空状况、气压倾向等的记录符号，是标准适用于全国公众气象服务天气符号的静态表现方式。每个天气符号的设定都有一定的规范，方便记录天气变化的情况。现在让我们全面认识一下它们，看每个天气符号都是代表哪种天气状况的吧。

丁丁小博士
认识天气符号

晴（白天）	晴（夜晚）	多云（白天）	多云（夜晚）	阴天	小雨
中雨	大雨	暴雨	阵雨	雷阵雨	雷电
冰雹	轻雾	雾	浓雾	霾	雨夹雪

小雪	中雪	大雪	暴雪	冻雨	霜冻

4级风	5级风	6级风	7级风	8级风	9级风

10级风	11级风	12级风以上风	台风	浮尘	扬沙	沙尘暴

气象老人
了解常见天气符号的天气描述情况

晴

晴指天空无云；或虽有零星的云，但云量占天空不到1/10；或有时天空中出现很高很薄的云，但对阳光的透射很少有影响。

多云

多云指空中的中、低云的云量占天空面积的4/10—7/10，或高空云量占天空面积的6/10或以上。

阴天

阴天指中、低云的云量占天空面积的8/10及以上，透过云层的阳光很少或没有，天空阴暗。

暴雨

24小时内的降雨量达到或超过50.0毫米称为暴雨；降雨量达到100.0—249.9

毫米的称为大暴雨；降雨量达到或超过250.0毫米的称为特大暴雨。

雷阵雨

雷阵雨指伴有雷电现象的阵性降雨，特点是降雨时间短促，开始和终止都很突然，降水的强度变化大，忽下忽停并伴有电闪雷鸣。

冻雨

冻雨指由过冷却水滴与温度低于0℃的地面物体碰撞迅速冻结成冰的降水现象，常坠断电线，影响通信、供电、交通等。冻雨过后一般会形成雨凇的景观。

雨夹雪

雨夹雪指雨滴和湿雪同时降落到地面的降水现象，原因为近地面的气温略高于0℃，当雪降落到这层空气中，部分雪融化成水滴。

霜冻

霜冻是指在植物生长季节里植株体温在短时间内降到0℃以下，使农作物受冻害甚至死亡的低温现象，是一种农业气象灾害。发生霜冻时，如果近地面空气湿度较大，也可能出现白霜；如果空气干燥，则无白霜出现，群众称为"黑霜"。我国的霜冻一般发生在春秋两季。

台风

台风指发生在太平洋西部海洋和南海海上的热带气旋，是一种极强烈的风暴，中心附近最大风力达12级或12级以上。

浮尘

浮尘指尘土、细沙均匀地浮游在空中，使水平能见度小于10千米。浮尘多为远处尘沙经上层气流传播而来，或为沙尘暴、扬沙出现后尚未下沉的细粒浮游空中而成。

扬沙

由于风大将地面尘沙吹起，使空气相当混浊，水平能见度大于或等于1千米至小于10千米的天气现象称为扬沙。

丁丁小博士

什么是降水量?

降水量是指从天空降落到地面上的液态和固态（经融化后）降水，没有经过蒸发、渗透和流失而在水平面上积聚的深度。在气象上用降水量来区分降雨（雪）的强度。降水量的单位是毫米。

降水量标准表

等级	12小时内降水量（单位：毫米）	24小时内降水量（单位：毫米）
小雨	0.1—4.9	0.1—9.9
中雨	5.0—14.9	10.0—24.9
大雨	15.0—29.9	25.0—49.9
暴雨	30.0—69.9	50.0—99.9
大暴雨	70.0—139.9	100.0—249.9
特大暴雨	≥ 140.0	≥ 250.0
小雪	< 1.0	< 2.5
中雪	1.0—2.9	2.5 —4.9
大雪	3.0—5.9	5.0—9.9
暴雪	≥ 6.0	≥ 10.0

中国年降雨日最多的地方

中国年降雨日最多的地方是四川的峨眉山，每年平均有雨263.5天，其中1958年降雨291天。

峨眉山

世界气象日

"世界气象日"是世界气象组织为了纪念世界气象组织成立和《国际气象组织公约》生效日（1950年3月23日）而设立。每年的"3·23世界气象日"都由世界气象组织确定一个主题，全球的各成员方在这一天举行庆祝活动。

世界气象组织标志

想一想

你认识哪些天气符号？

第三单元 走进气象站

发明气象仪器的科学家

我国东汉时期的科学家张衡，不仅设计制造了浑天仪和地动仪，而且他还是世界上第一个风向标的发明者呢！

当时，张衡在发明了浑天仪和地动仪后，又对风产生了兴趣。"测天我有了浑天仪，测地我有了地动仪，而这天与地之间的风倒是一个难题。有没有办法制造一件测风的仪器呢？"张衡开始了对风的研究。

候风鸟

张衡认为最主要的应该是测风的方向："我制造的这件仪器，必须满足一个条件，就是能够随风转向，这样，将它安装在高处，抬头一看不就清清楚楚了吗？"

对张衡来说，制造这样一件仪器并不是难事，不久他就制成了，并把它安装在5丈（16.7米）高的杆顶上。

"这是什么玩意儿？大家快来看呀！"人们纷纷前来观看这个从未见过的东西。

只见杆顶上有一只铜铸的小鸟，鸟嘴里衔着一朵花。

"诸位，这是我刚刚制造成功的一件仪器，我叫它'相风铜鸟'，这只铜鸟的头总是对着风吹来的方向，有了它，我们可以随时知道东西南北风啦！"张衡兴致勃勃地对大伙说着。

"你们看，这只铜鸟真的在转动了！"人们发出了啧啧赞叹声。

这只"相风铜鸟"又叫作"候风鸟"，也就是我们现在说的风向标。同样的仪器在欧洲直到12世纪才出现，比张衡的发明要晚1000多年呢！

第一节

地面气象观测站

天气预报是怎么制作出来的呢？天气预报是气象工作者根据长期气象观测数据和理论而发现的大气变化规律，对于实时气象探测资料、地形和季节特点进行综合分析而得出的结论。其中，气象探测资料非常关键，气象站就是为了取得气象资料而建成的观测站。

地面气象观测站是指用目力和借助仪器，对近地面的大气状况及其变化，进行连续、系统的观察和测定的场所。由于观测的结果需在一个国家、一个大区以至全球范围进行分析比较，所以气象观测站的位置、气象仪器的精度及其安装使用方法、观测时间和观测项目、观测方法和记录方法，以及观测结果的传递等各方面，都必须按照世界气象组织和国家气象部门的统一规定进行。

排列整齐的地面气象观测仪器

气象老人

地面气象观测都有哪些项目？

地面气象观测项目有气压、气温、湿度、地温、风向、风速、降水、云量、云状、能见度、辐射、日照、蒸发、冻土、积雪、电线积冰等。

地面气象观测站要求设在对当地的天气和气候具有一定代表性的地点，一般要求四周空旷，场地平坦，远避坡谷、水泽和林木等地形地物，以免受到影响。所以观测站周围不能有高楼大厦和树林等，不然观测到的气象资料就不准确了，大家一定要有保护气象探测环境的意识。

气象老人
认识不同的地面气象观测站

国家基准气候站——简称基准站，是根据国家气候区划以及全球气候观测系统的要求，为获取具有充分代表性的长期、连续气候资料而设置的气候观测站，是国家天气气候站网的骨干，必要时可承担观测业务试验任务。

国家基本气象站——简称基本站，是根据全国气候分析和天气预报的需要所设置的气象观测站，大多担负区域或国家气象信息交换任务，是国家天气气候站网中的主体。

国家一般气象站——简称一般站，是按省（区、市）行政区划设置的地面气象观测站，获取的观测资料主要用于本省（区、市）和当地的气象服务，也是国家天气气候站网的补充。

小 贴 士
地面气象观测的分类

地面气象观测按其不同的内容和用途，可分为天气观测、气候观测、专业观测和专项观测等。

天气观测主要是为天气分析和天气预报提供气象情报进行的观测。

气候观测主要是为气候分析研究积累资料而进行的观测。

专业观测指适应各专业需要而进行的观测，如农业气象观测、林业气象观测、水文气象观测、航空气象观测等。

专项观测指采用一些专门的设备，分别对云雾物理、辐射、雷电、大气臭氧、大气污染等进行的观测。

现代农业气象科技示范园

想一想

地面气象观测站建在什么地方比较好？

地面气象观测仪器

地面气象观测站的观测项目多种多样，每一个观测项目都有专门的观测仪器，比如高达10多米的测风仪，近2米高的百叶箱里的温度计等，下面就让我们近距离了解一下它们的形状和功能。

气象老人
常用的地面气象人工观测仪器

一般的地面气象观测站里都装有干湿球温度计、温度计、湿度计、雨量器、风速计、风向标、气压计等仪器。

测定空气温度和湿度的仪器是干湿球温度计，安置在百叶箱内。百叶箱的作用是防止太阳对仪器的直接辐射和地面对仪器的反射辐射，保护仪器免受强风、雨、雪等的影响，并使仪器感应部分有适当的通风，能真实地感应外界空气温度和湿度的变化。箱下支架固定在气象观测场上，箱门朝北，箱底离地面有一定高度。箱内干、湿球温度计球部距地面的高度为1.5米，最高、最低温度计则略高于1.5米。

百叶箱

雨量器是测量降水量的仪器。常见的雨量器由雨量筒和量杯组成。雨量筒外壳是金属圆筒，分上下两节，上节是一个口径为20厘米的盛水漏斗，为防止雨水溅失，下节筒内放一个储水瓶用来收集雨水。量杯是有刻度的专用量杯，有100分度，每1分度等于雨量筒内水深0.1毫米。测量时，把储水瓶中的水倒进特制的量杯，

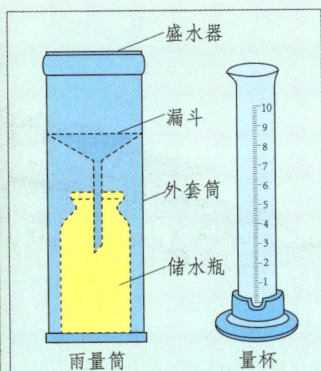

盛水器
漏斗
外套筒
储水瓶

10
9
8
7
6
5
4
3
2
1

雨量筒　　　量杯

雨量器

风杯风速计

就可以知道当日的降雨量。

　　风速计是测定风向风速的仪器。最常用的为风杯风速计，它由3个互成120°固定在支架上的抛物线形或半圆形空杯组成感应部分，空杯的凹面都顺向一个方向，装在观测场内距地面10米高的测风杆或风塔上。

丁丁小博士
气象观测站仪器的安装顺序

　　北半球气象观测站仪器的安装顺序是北高南低，依次是风向、风速、气温、湿度、降雨量、日照和蒸发、地温的观测仪器。因为太阳从东方升起，经过南方，从西方落下，这样安装可以避免因太阳照射形成的影子影响数据的准确性。

小贴士
我国古代著名的气象观测站——东汉灵台

　　在离古都洛阳白马寺不远的地方有一处汉魏故城遗址——一个雄浑壮观的巨大夯土台，这是我国现存最早的一座天文气象观测台遗址，著名的古代气象观测站——东汉灵台。

　　东汉灵台创建于公元56年，距今已有1900多年历史。在东汉灵台历史中，最杰出的人物无疑是我国东汉的著名科学家张衡。张衡曾两度出任太史令（古代掌管天文历法的长官），主管灵台工作，他一生最杰出的成就，就是在此期间完成的。

在张衡任太史令期间，灵台作为当时的国家天文、气象观测站，可谓是气势恢宏、建制巨大。据记载，灵台总占地面积达44000平方米，其中心

东汉灵台复原图

为一方形夯土高台，东西宽约31米，高约8米，分上下两层平台。上层平台是观测天象的露天观测台，放置了许多天文气象观测仪器；下层平台则是观测人员记录数据、进行研究工作的"办公室"。灵台的工作人员有43人之多，他们分工明确，分别有观测大气、风、日、月和星辰的。如此规模的天象观测台，在当时的世界上极其少见。

说一说

你都见过哪些气象观测仪器？

第三节

地面气象的观测和记录

　　气象观测是测量和观察地球大气的物理和化学特性以及大气现象的方法和手段，它包括地面气象观测、高空气象观测、大气遥感探测和气象卫星探测等，能观测从地面到高层，从局地到全球的大气状态及其变化。除了为天气预报提供日常资料外，还通过长期积累和统计，加工成气候资料，为农业、林业、工业、交通、军事、水文、医疗卫生和环境保护等部门进行规划、设计和研究，提供重要的数据。

云的观测

　　云是悬浮在大气中的大量小水滴和（或）冰晶微粒组成的可见聚合体。常规气象观测要测定云状、云量和云高。

　　云状：云状主要指云的外形特征的不同形态，主要分成积状云、层状云和波状云。积状云云体孤立、分散，垂直伸展与其水平扩散范围具有同一个数量级，常见的伴有雷电现象的积雨云就是积状云；层状云是云层范围宽广，均匀幕状，无明显起伏的连续云层，典型的层状云有雨层云、高层云和卷层云三种；波状云云块排列成行，成群或呈波浪起伏状，常见的有层积云、高积云和卷积云。

积雨云

高积云

　　云量：云量的多少凭目测云块占据天空的面积来估计，天气预报中的晴、少云、多云和阴，就是根据云量的多少划分的。

层积云

卷积云

云高：云高指云底距地面的垂直距离，通常用目力估计，目前正在发展激光云高仪。

能见度的观测

能见度是反映大气透明度的一个指标，指观测目标物时，能从背景上分辨出目标物轮廓的最大距离。低能见度对轮渡、民航、高速公路等交通运输和电力供应以及人们的日常生活都会产生许多不利的影响。能见度和当时的天气情况密切相关。当出现降雨、雾、霾、沙尘暴等天气时，大气透明度较低，因此能见度较差。测量大气能见度一般可用目测的方法，也可以使用大气透射仪、激光能见度自动测量仪等测量仪器测量。

能见度观测仪

天气现象的观测

在地面气象观测中，各种天气现象均用统一的专用符号表示。

降水现象：根据降水物的形态共分成11种，其中液态降水有雨、毛毛雨、阵雨，固态降水有雪、冰粒、米雪、阵雪、霰、冰雹，混合型降水有雨夹雪、阵性雨夹雪等。

地面凝结和冻结现象：包括露、霜、雾凇、雨凇4种。

视程障碍现象：包括雾（雾、大雾、浓雾）、轻雾、吹雪、雪暴、烟幕、霾、沙尘暴（沙尘暴、强沙尘暴、超强沙尘暴）、扬沙、浮尘。

雷电现象：雷暴、闪电、极光。

其他现象：大风、飑、龙卷、尘卷风、冰针、积雪、结冰。

🌈 气温的观测

气温是地面气象观测规定高度的空
气温度。气温观测项目有定时气温，日
最高、最低气温。气象台站观测和记录
的气温，是用放在百叶箱里的温度计测
得的。温度计放置的高度，离地面1.5米。
测定气温一般采用摄氏温标。

百叶箱里的温度计

对气温的观测，早期基本站每日
观测4次，一般在北京时间2时、8时、
14时、20时。基准站每日观测24次，
每整点观测一次。随着自动气象站的
投入使用，目前已停止人工气温观测。

🌈 湿度的观测

湿度表示空气中的水汽含量和潮湿程度。根
据不同需要，通常分别以绝对湿度、水汽压、相
对湿度和露点温度计示，它的大小和增减，会直
接或间接地引起云、雾、降水等现象的生消演变。
相对湿度是其中最常用的，单位是百分数（%），
空气中没有水汽时相对湿度为零，空气中容纳水
汽已达到最大限度时（称为空气已经饱和），相
对湿度就是100%。

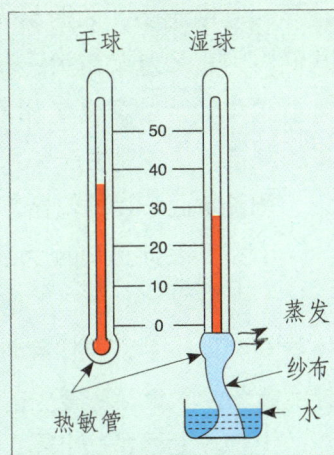

干湿球温度计

测量空气湿度通常用干湿球温度计。它是两
支同样的温度计，干球温度计用来测量气温；湿
球温度计的水银球用湿润纱布包裹着，纱布下端
浸在水盂里（使湿球纱布始终保持湿润状态）。湿球纱布上的水在空气没有达
到饱和时会不断蒸发，湿度大时蒸发慢，湿度小时蒸发快。湿度是100%时，

空气中所含水汽已饱和，水分停止蒸发。水分蒸发是要消耗热量的，这样湿球温度计的读数就会减小。因此，除了空气饱和，即相对湿度为100%（此时湿球温度计的读数和干球温度计一样）以外，干球温度计的读数总比湿球温度计的读数要高。两者差值越大表示空气越干燥，相对湿度越低。因此，利用干湿球温度差可以知道空气相对湿度的高低。

降水的观测

气象部门把从天上云里降下来的雨水（液体）和雪、冰雹（固体）都称为降水。以前气象站大都配有能自动记录雨量的自记雨量器，可以测量各个时段降水的强度。随着自动气象站的使用，目前使用翻斗雨量计或称重式雨量传感器测量降水量。

蒸发量的观测

蒸发量是指在一定时段内，水分经蒸发而散布到空气中的量。通常用蒸发掉的水层厚度的毫米数表示，水面或土壤的水分蒸发量，分别用不同的蒸发器测定。一般温度越高、湿度越小、风速越大、气压越低，则蒸发量就越大；反之蒸发量就越小。土壤蒸发量和水面蒸发量的测定，在农业生产和水文工作上非常重要。

大型蒸发桶

测量水面蒸发的仪器常用的有小型蒸发器、大型蒸发桶等。

小型蒸发器是口径为20厘米，高约10厘米的金属圆盆，盆口成刀刃状，为防止鸟兽饮水，器口上部套一个向外张成喇叭状的金属丝网圈。测量时，将仪器放在架子上，器口离地70厘米，每日放入定量清水，隔24小时后，用量杯测量剩余水量，所减少的水量即为蒸发量。

大型蒸发桶是一个器口面积为0.3平方米的圆柱形桶，桶底中心装一直管，直管上端装有测针座和水面指示针，桶体埋入地中，桶口略高于地面。每天20时观测，将测针插入测针座，读取水面高度，根据每天水位变化与降水量计算蒸发量。目前大型蒸发桶已实现自动化观测。

🌈 日照的观测

日照是表示太阳照射时间的量。日照分为可照时数和实照时数两种：可照时数指一天内太阳中心从东方地平线到西方地平线所经历的总时数，由该地的纬度和日期决定；实照时数（即日照时数）是太阳直射光线，不受云和天气及地物影响，实际照射地面的时数，可用日照计测定。实照时数与可照时数之比为日照百分率，它可以衡量一个地区的光照条件。

暗筒式日照计

测定日照时数的仪器主要有暗筒式日照计。一个圆形暗筒上留有小孔，当阳光透过小孔射入筒内时，装在筒内涂有感光药剂的日照纸上便留下感光迹线，利用感光迹线可计算出日照时数，这是气象台站常用的仪器。此外，还有聚焦式日照计和光电日照计。

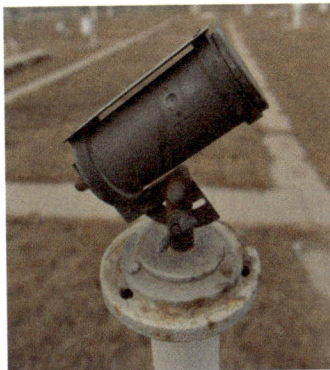

气象老人
地面气象观测记录簿

地面气象观测记录簿记录了气象观测站的原始观测资料，填写的数据包括气温、湿度、风向、风速、能见度、云量、降水量等。观测员每天要认真细致地及时填写好其中的各项内容。观测簿内所有填写的内容，字迹要求工整、清楚、美观，不能出现涂改、伪造和书写怪体字等现象。

丁丁小博士
地面气象观测记录簿什么时候填写？

地面气象观测分为定时观测和不定时观测两类，定时观测是气象台站的基本观测，主要目的是为天气预报提供依据，积累资料，了解一个地方的气候变化规律，为经济建设服务。我国规定，"国家基本气象站"每天必须进行2时、8时、14时、20时这4个时次定时观测；"国家一般气象站"每天只进行8时、14时、20时3次观测。气象观测员每天都要严格按照这个时间，无论刮风下雨都要进行观测，认真地将观测信息填写到地面气象观测记录簿上。因此，气象观测员是非常辛苦的。随着气象观测自动化的实现，地面气象观测记录簿记录的内容变得越来越少，国家基本气象站的夜间观测目前已停止。

气象之最
我国现存最早的气象记录

公元前17世纪至公元前11世纪，在我国商代，由畜牧业为主逐渐转变为以农业生产为主，那时候就出现了最简单的气象记录。在商代古都（今河南省安阳县）发掘出一些甲骨，上面有这样一些记载："壬申雪；止雨酉昼；己卯雹；乙酉大雨……"这些记载，说明了一些雨雪的起止日期。从中可见我国在三千多年前就已注意天气的变化。这可算是世界上最早的气象记录了。

甲骨文

小 贴 士
气象资料要长时间连续观测才有意义

同一地点的气象资料年代越久远，科研价值越高。气象观测站每搬一次家，就会直接导致气象资料不连续，会造成同历史气象资料无法直接比较以及无法系统地开展气候变化分析研究的后果。气象探测资料的代表性和连续性一旦受破坏，对研究和科学评估区域，乃至全国、全球气候和气候变化等产生的影响都是不可恢复的。

做一做
自己设计一个地面气象观测记录簿。

第四节
保护气象探测环境

气象探测环境是指为避开各种干扰，保证气象探测设施准确获得气象标准信息所必需的最小距离构成的环境空间。气象事业是基础性社会公益事业，气象观测是气象业务服务和科学研究的基础，做好气象设施和气象探测环境保护工作，对于全面提高综合观测水平，提升公共气象服务能力和提高预报预测准确率，加强气象灾害防御具有重要意义。

气象老人
气象探测环境好坏关系到天气预报的准确性

天气预报源于气象设施和气象探测环境搜集的数据信息。预报准不准，除了跟变幻莫测的天气本身有关外，采集数据的气象设施和气象探测环境的好坏与稳定程度也至关重要。

由于城市的快速发展，气象探测环境的保护面临比较严峻的形势，气象探测环境的破坏导致探测资料缺乏代表性、准确性和可比较性，台站搬迁中断了气象探测资料的连续性，不同程度地对气象事业造成了难以弥补的损失。

丁丁小博士
气象探测环境受法律法规保护

2012年12月1日，国务院颁布实施了《气象设施和气象探测环境保护条例》，进一步规范气象观测台站必需的基本探测环境内的各类建设活动，保证气象探测工作的顺利进行,确保获取的气象探测资料具有代表性、准确性、可比较性,使气象探测资料更加及时、准确、科学、高效,提高气候变化的监测能力、气象预报准确率和气象服务水平。

小 贴 士

气象探测环境保护范围

1.禁止实施下列危害大气本底(在未受到人类活动影响的条件下,大气各成分的自然含量)站探测环境的行为:

(1)在观测场周边3万米探测环境保护范围内新建、扩建城镇、工矿区,或者在探测环境保护范围上空设置固定航线。

(2)在观测场周边1万米范围内设置垃圾场、排污口等干扰源。

(3)在观测场周边1000米范围内修建建筑物、构筑物。

2.禁止实施下列危害国家基准气候站、国家基本气象站探测环境的行为:

(1)在国家基准气候站观测场周边2000米探测环境保护范围内或者国家基本气象站观测场周边1000米探测环境保护范围内修建高度超过距观测场距离1/10的建筑物、构筑物。

地面气象观测站全景

（2）在观测场周边500米范围内设置垃圾场、排污口等干扰源。

（3）在观测场周边200米范围内修建铁路。

（4）在观测场周边100米范围内挖筑水塘等。

（5）在观测场周边50米范围内修建公路、种植高度超过1米的树木和作物等。

3. 禁止实施下列危害国家一般气象站探测环境的行为：

（1）在观测场周边800米探测环境保护范围内修建高度超过距观测场距离1/8的建筑物、构筑物。

（2）在观测场周边200米范围内设置垃圾场、排污口等干扰源。

（3）在观测场周边100米范围内修建铁路。

（4）在观测场周边50米范围内挖筑水塘等。

（5）在观测场周边30米范围内修建公路、种植高度超过1米的树木和作物等。

气象之最

我国早期的高山气象站

峨眉山既是佛教圣地，又是著名的旅游景区，除了有美丽的自然风光和佛教寺庙外，还坐落着已有80多年历史的峨眉山气象站，它和泰山气象站都是目前我国较早的高山气象观测站。

峨眉山气象站海拔高度3047米，是由我国气象事业的开山鼻祖竺可桢在1932年主持建成的。在抗日战争中，人称"飞虎队"的"中国空军美国志愿援华航空队"给日本战机造成了沉重打击。但很少有人知道，位于峨眉山金顶之巅的峨眉山气象站，曾经给"飞虎队"飞越"驼峰航线"提供过珍贵的气象信

风雪中的峨眉山气象站

阳光普照中的泰山气象站

息支持。

泰山气象站被誉为"风云前哨第一站"，矗立于山东省境内最高峰、海拔1534米的泰山之巅，始建于1935年8月1日，由竺可桢选址，蔡元培先生题写奠基纪念碑。1936年8月完工启用，1937年12月因日寇入侵被迫停止工作。1953年9月华东军区气象处在日观峰气象台旧址重建气象站，并于当年10月1日正式恢复观测。

想一想

保护气象探测环境，我们该做些什么？

第四单元 现代气象探测

周恩来总理最早提出要发展我国的气象卫星

1969年，南方发生了冰冻雨雪灾害，从广州到北京的通信线路中断，周总理就找当时的部队、气象局等单位一块儿讨论这个事情。周总理说，我们国家太落后，应该搞我们自己的气象卫星。1970年2月，周总理签发了中共中央、国务院、中央军委文件，下达了研制气象卫星的任务，并批准中央气象局成立

国家卫星气象中心

"气象卫星地面站总站"（即现在的国家卫星气象中心）。当年12月，周总理在《关于气象卫星研制方案和地面接收站建设问题的报告》上批示："卫星规划是否已落实，承制单位和协作地区是否已经可靠，时间排列是否恰当，均请你们再谈一次，以便正式列入'四五'计划。"他还要求中央军委、中国人民解放军总参谋部、国防科工委进一步研究和汇报有关卫星的规划、时间、排列、承制单位和协作地区、地面接收站布局等问题。

第一节
气象雷达

气象雷达是专门用于大气探测的雷达，通过向空间发射脉冲无线电波，再接收无线电波在传播过程中和大气发生各种相互作用后产生的雷达回波，从而了解大气的各种物理特性。

气象老人
气象雷达的类型

气象雷达主要有测雨雷达、测云雷达和测风雷达等。

测雨雷达又称天气雷达，是利用云雨目标物对雷达所发射电磁波的散射回波来测定其空间位置、强弱分布、垂直结构等，了解天气系统的结构和特征。测雨雷达能探测台风、局部地区强风暴、冰雹、暴雨和强对流云体等，并能监视天气的变化。

测云雷达是用来探测未形成降水的云层高度、厚度以及云内物理特性的雷达。

测风雷达是用来探测高空不同高度的水平风向、风速以及气压、温度、湿度等气象要素。

新一代天气雷达

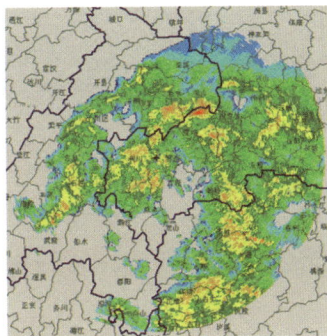

天气雷达回波图

第二节
气象卫星

气象卫星是气象界最高端的探测工具，具有范围大、及时迅速、连续完整的特点，并能把云图等气象信息发给地面用户。气象卫星可以全天24小时不间断地提供图像资料，在森林防火、台风、暴雨、沙尘暴、大雾、干旱、洪涝、雪灾等的监测防御中，都有气象卫星的应用。

卫星云图

气象老人

气象卫星主要有哪些种类？

气象卫星主要有极轨气象卫星和同步气象卫星。

极轨气象卫星又称太阳同步轨道卫星，围绕地球南北极飞行，轨道高度830千米左右，绕地球飞行一圈约102分钟，它的优点是可以对全球任何地点进行观测。

同步气象卫星又称为静止卫星，因为它永远在赤道上空而且绕地球的速

极轨气象卫星

同步气象卫星

度和地球自转的速度相同，从地球上看这种卫星一直都在同一位置，不像极轨气象卫星一直在变换位置。它的优点是对特定地区可进行连续的观测。

可以说，气象卫星是世界上最高的气象探测站。

丁丁小博士

我国气象卫星是怎样命名的?

我国气象卫星以"风云"命名，用单、双数来区别是极轨气象卫星还是同步气象卫星。极轨气象卫星用单数序号表示，第一代极轨气象卫星命名为风云一号，第二代极轨气象卫星命名为风云三号。同步气象卫星用双数序号表示，第一代同步气象卫星命名为风云二号，第二代同步气象卫星命名为风云四号。用英文字母 A、B、C 等命名同一代卫星中先后发射的在轨运行卫星。例如，第二代极轨气象卫星中的第一颗星命名为风云三号 A 星，代号为 FY·3A。

第三节
探空气球

　　探空气球是把无线电探空仪携带到高空，进行温度、湿度和风的探测的气球，一般由天然橡胶或氯丁合成橡胶制成，有圆形、梨形等不同形状。球重300—1000克，充入适量的氢气或氦气，可升达离地30—40千米。高空气象站使用的常规探测气球升速一般为6—8米/秒，约上升到30千米高空后自行爆裂。

探空气球

　　探空气球是人类研究平流层的重要工具，在气象学发展和天气预报工作中起到了重要作用。今天，虽然有更先进的工具（探空火箭、气象雷达、气象卫星等）在广泛应用，但探空气球仍是气象研究中不可缺少的工具。

气象老人
探空气球是如何探测气象资料的？

　　我国设有专门的高空气象站，每天1时15分、7时15分和19时15分定时施放探空气球，利用雷达跟踪施放升空的探空仪，对不同高度大气的气压、温度、湿度、风向、风速等气象要素进行实时监测，收集从地面到高空各层次的气象资料。

第四节
自动气象站

　　自动气象站是一种能自动观测、存储和发送气象观测数据的设备，它可以连续自动测量气压、降水、气温、湿度、风向、风速等气象要素，经扩充后还可测量其他要素。

气象老人
自动气象站是怎么工作的？

　　自动气象站可以安装在气象站内，也可以安装在野外。它的数据采集、数据传输等都是自动完成的，它的使用可提高地面观测数据的自动化程度，既可节省人力，又可方便地测量偏远地区的气象资料。

　　自动气象站耗电量较少，安装在野外的一般是太阳能供电。通常配有一个或多个太阳能电池板，还有蓄电池。一般而言，太阳能电池板的最佳输出时间每天只有5小时，因此安装的角度和位置是至关重要的。在北半球的太阳能电池板被安装成面向南，南半球的则面向北。

自动气象站

太阳能供电

　　自动气象站采集到的数据会自动上传，安装在野外的自动气象站都安装了 SIM 卡，数据传输原理跟大家使用的手机一样。安装在观测场内的自动气象站则通过地面宽带进行传输，及时地把观测数据上传到服务器内，供制作天气预报使用。

气象之最

我国海拔最低的气象站——吐鲁番东坎气象站

　　吐鲁番东坎气象站位于新疆北部吐鲁番盆地(42° 50'N、89° 15'E)，它比海平面低48.7米。

　　吐鲁番东坎气象站地处吐鲁番盆地深处，年平均气压为102.33千帕，与青藏高原比，算得上是个"氧气仓"了。这里虽属南温带气候区，但由于受海洋季风影响微弱，年平均降水量只有14.9毫米，而年平均蒸发量却远远大于降水量，年平均相对湿度在38%左右。这里晴天多，太阳辐射强，平均年日照时数达2940多小时；年平均气温为14.5℃，夏天气温高达40℃以上，这在别的地方是罕见的，而在该站出现却是常有的事。

想一想

　　自动气象站大多安装在野外，我们要如何保护它呢？

第五单元

天气预报

气象小故事
天气预报的来历

1853—1856年，为争夺巴尔干半岛，沙皇俄国同英法两国爆发了克里木战争，正是这次战争，导致了天气预报的出现。这是一场规模巨大的海战，1854年11月14日，当双方在欧洲的黑海展开激战时，风暴突然降临，海上掀起了万丈狂澜，使英法舰队险些全军覆没。事后，法军作

克里木战争

战部要求法国巴黎天文台台长勒佛里埃仔细研究这次风暴的来龙去脉。那时还没有电话，勒佛里埃只有写信给各国的天文、气象工作者，向他们收集1854年11月12日—16日5天内当地的天气情报。勒佛里埃根据这些资料，经过认真分析、推理和判断，查明黑海风暴来自茫茫的大西洋，自西向东横扫欧洲，出事前两天，即11月12日和13日，欧洲西部的西班牙和法国已先后受到它的影响。勒佛里埃想："这次风暴从表面上看来得突然，实际上它有一个发展移动的过程。电报已经发明了，如果当时欧洲大西洋沿岸一带设有气象站，及时把风暴的情况电告英法舰队，不就可以避免惨重的损失吗？"

于是，1855年3月19日，勒佛里埃在法国科学院作报告说，假如组织气象站网，用电报迅速把观测资料集中到一个地方，分析绘制成天气图，就有可能推断出未来风暴的运行路径。勒佛里埃的独特设想，在法国乃至世界各地引起了强烈反响。人们深刻认识到，准确预测天气，不仅有利于行军作战，而且对工农业生产和日常生活都有极大的好处。由于社会上各方面的需要，在勒佛里埃的积极推动下，1856年，法国成立了世界上第一个正规的天气预报服务系统。

第一节
认识天气预报

天气预报就是应用大气变化的规律，根据当前及近期的天气形势，对某一地区未来一定时期内的可能出现的天气状况进行预测。

气象老人
天气预报的种类有哪些？

按天气预报的时效长短，可分为：

短时预报：对空间尺度小的灾害性天气系统进行实况监测并预报未来3—12小时的动向。

短期预报：预报未来24—72小时的天气情况。

中期预报：预报未来4—10天的天气情况。

延伸期预报：预报未来10—30天的天气情况。

《天气预报》截屏

第二节
天气预报的制作过程

天气预报是通过对天气雷达、卫星云图和天气图的分析，结合有关气象资料、地形和季节特点、群众经验等综合信息研究后作出的预报。

天气预报分为四个步骤：

首先是气象资料的收集。每天同一时间，将世界各地观测到的气温、气压、湿度、风向风速等气象信息，以及气象卫星和气象雷达收集的资料集中到一起，结合数值天气预报（即以流体力学、大气动力学、热力学理论为基础，以计算数学和计算机为实现手段的近代天气预报方法）所获得的产品，进行综合分析。

其次是制作天气图。把同一时间收集到的气象信息用不同符号填到一张图上，这种图就叫天气图，就好像给地球拍了 X 光片，反映出各地的天气情况。

再次是预报员分析会商。天气图到预报员手中，同时传入数字化信息分析系统进行综合分析，预报员进行分析会商，形式像一场辩论会，各自发表意见，互相启发，达成一致意见，最后作出天气预报结论。

最后是将天气预报对外公布。将天气预报结论通过电视、广播、报纸、网络、手机短信等各种方式发布出去。

天气预报员在进行天气分析会商

第三节

看懂天气预报

要看懂天气预报，必须知道天气预报用语和天气预报符号的含义，同时注意天气预报发布的台站和时间。

气象老人
天气预报的常用语

天空状况用语

晴天：天空无云；或虽有零星的云，但云量占天空面积不到1/10；或有时天空中出现很高很薄的云，但对阳光的透射很少有影响。

少云：云量少于天空面积的3/10。

多云：云量占天空面积的4/10—7/10或高空云量占天空面积的6/10或以上。

阴天：云量占天空面积的8/10 以上。

气温用语

最高气温：白天的最高气温，一般出现在14时左右。

最低气温：第二天早晨出现的最低气温，一般出现在清晨6时左右。

降水用语

小雨：雨滴下降清晰可辨。

中雨：雨滴下降连续成线。

大雨：雨滴下降模糊成片。

暴雨：雨如倾盆，雨声猛烈。

阵雨：雨势时大、时小、时停。

风的用语

风向：北、西北、西、西南、南、东南、东、东北。

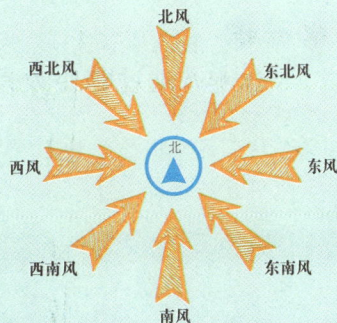

风级歌

0级烟柱直冲天，1级炊烟随风偏，

2级轻风拂脸面，3级叶动红旗展，

4级枝摇飞纸片，5级带叶小树摇，

6级举伞步行艰，7级迎风走不便，

8级风吹树枝断，9级屋顶飞瓦片，

10级拔树又倒屋，11、12级陆上很少见。

气象之最
我国风力最强的地方在哪里？

澎湖岛，又叫"马公岛"，在台湾海峡南部，是澎湖列岛中面积最大、人口最多的岛。在那里，8级以上的大风，每年平均就有138.2天。在冬季出现狂风呼啸的"风季"，平均风速可达17.2米／秒，风力可达8级；最大的风速为22.5米／秒，风力可跃入9级，普通屋顶上的烟囱等物都会被吹毁。夏季风刮起来也十分强劲。因为澎湖岛盛行大风，所以也被称为"大风岛"。

澎湖岛为什么会有那么大的风？因为这里除了冬夏季风按时"驾到"外，主要是和它的地理位置及地形有关。台湾海峡是一个东北、西南走向的海峡，受海峡的影响、地势的约束，在海空阻力很少的情况下，海峡地区的"过道风"显得特别猛烈，而澎湖岛地处顺风口上，加上海岛地势不高，所以受大风影响就大，大风就多了。

说一说

你都是通过哪些方式知道天气预报的？

第六单元

气象灾害及其防御

气象小故事
天降怪雨

"天上掉馅饼"是中国的俗语,是说不可能发生的事,可自然界中确实有类似这样的怪事。

大约在100多年前,西班牙某地忽然从天上降下了大量的"麦雨",麦子和雨水一齐从天上降了下来。

1940年的夏天,在苏联的高尔基地区一个村庄,电闪雷鸣,疾风暴雨,突然从天上降下来遍地的银币。顷刻,雨过天晴,人们从地上捡起了数千枚中世纪的银币。

1949年,在新西兰沿岸地区,下过一场"鱼雨"。几千条鱼随暴雨同时由天而降,撒满大地。

1960年3月1日,法国南部的土伦地区竟从天空中降落下来无数只青蛙!

此外,还有"龙虾雨""海蜇雨",以及杏黄色、金黄色、翠绿色等五颜六色的雨。

这种种奇雨到底是怎么回事?随着科学的发展,人们对这些稀奇的自然现象有了进一步的认识。在西班牙下的所谓"麦雨",原来是从乌云中向地面伸出了一个类似"象鼻"、旋转极快的云柱,把摩洛哥某处的一个大粮仓卷起,飞过崇山峻岭,最后降到了西班牙。1940年苏联的"银币雨",也是暴雨把古代埋在地里的银币冲刷出来后,被一股旋风卷到高尔基地区,在一个村庄降落下来。

那么这"象鼻"似的旋风是什么呢?在气象上我们称它为"龙卷风",上述种种奇事都是"龙卷风"的杰作。它是一种非常严重的灾害性天气现象。

第一节
气象灾害的种类

　　气象灾害是指大气对人类的生命财产和国民经济建设及国防建设等造成的直接或间接的损害，是自然灾害中的原生灾害之一，一般包括天气、气候灾害和气象次生、衍生灾害。气象灾害是自然灾害中最为频繁而又严重的灾害。中国是世界上自然灾害发生十分频繁、灾害种类甚多、造成损失十分严重的少数国家之一。

气象老人
气象灾害有哪些种类？

气象灾害有20余种，主要列举以下几种及它们的危害：

(1) 暴雨：造成山洪暴发、河水泛滥、城市积水。

(2) 雨涝：形成内涝、渍水。

(3) 干旱：农业、林业、草原的旱灾，城市、农村缺水。

(4) 高温、热浪：酷暑高温，导致人体疾病、灼伤、作物逼熟。

(5) 结冰：河面、湖面、海面封冻，雨雪后路面结冰。

(6) 雪害：阻碍交通或造成行车事故，致使冬作物、家畜和林木生产以及农业设施等遭受损害。

(7) 冰雹：毁坏庄稼、破坏房屋。

(8) 风害：倒树、倒房、翻车、翻船。

(9) 龙卷风：局部毁坏性灾害。

(10) 雷电：雷击伤亡。

(11) 浓雾：引发人体疾病、交通受阻。

(12) 霾：影响身体健康和交通安全。

第二节

气象灾害的危害与影响

气象灾害是自然灾害中最为频繁而又严重的灾害。我国是世界上自然灾害发生频繁、灾害种类多，造成损失严重的少数国家之一。而且，随着经济的高速发展，自然灾害造成的损失呈上升发展趋势，直接影响着社会和经济的发展。

气象老人
我国主要气象灾害的危害与影响

干旱

干旱是影响中国农业最为严重的气象灾害，造成的损失相当严重。据统计，中国农作物平均每年受旱面积达3亿多亩，成灾面积达1.2亿亩，每年因旱减产平均达100亿—150亿公斤，每年由于缺水造成的经济损失达2000亿元。目前，中国420多个城市存在干旱缺水问题，缺水比较严重的城市有110个。

干旱导致土壤龟裂

暴雨

暴雨往往容易造成洪涝灾害和严重的水土流失，导致工程失事、堤防溃决和农作物被淹等，导致人员伤亡和重大经济损失。如1998年夏季，长江发生全流域的特大洪水。自6月11日进入梅雨期后，长

暴雨导致农作物被淹

江流域各地暴雨频繁，雨带在长江流域徘徊，共出现74个暴雨日。这次洪水波及范围之广、持续时间之长、造成的损失之大，都是历史上少见的。

台风

台风造成狂风、暴雨、巨浪和风暴潮等恶劣天气，是破坏力很强的天气现象。近年来，其造成的损失年平均在百亿元人民币以上，像2004年在浙江登陆的"云娜"，一次造成的损失就超过百亿元人民币。

冰雹

我国除广东、湖南、湖北、福建、江西等省冰雹较少外，其他省份每年都会受到不同程度的冰雹灾害。尤其是北方的山区及丘陵地区，地形复杂、天气多变，冰雹多、受害重，农业生产深受其害。猛烈的冰雹打毁庄稼、损坏房屋，人和牲畜被砸伤的情况也常常发生。因此，冰雹是我国严重的灾害之一。

雪害

雪害即雪灾，是因长时间大量降雪造成大范围积雪成灾的自然现象。它是我国牧区常发生的一种畜牧气象灾害，同时还严重影响甚至破坏交通、通信、输电线路等生命线工程，对牧民的生命安全和生活造成威胁。2010年11月15日，强降雪在横扫北方大部之后，开始转战南方。雪花比常年偏早一月飘过长江，多省市多项气象历史纪录被刷新，湖北安徽两省共300万人遭雪灾。

台风

冰雹的危害

雪灾对交通的影响

雾

雾使地面的水平能见度显著降低，易诱发交通事故，造成人员滞留、拥挤，持续的大雾将严重影响交通运输。据统计，因雾等恶劣天气造成的交通事故，大约占总事故的1/4以上。雾大时，车辆就像蒙着眼睛在道路中行走，开足雾灯也无济于事，一旦发现前方有障碍物时，因为相距太近来不及避开，就容易发生轧人、追尾、撞车、翻车等事故。

大雾中的城市

霾

霾天气对人们的生活和生产影响很大。一是影响身体健康。霾的组成成分非常复杂，包括数百种化学颗粒，其中有害健康的包括矿物颗粒、海盐、硫酸盐、硝酸盐、有机气溶胶粒子、燃料和汽车废气等，它能直接进入并黏附在人体呼吸道和肺叶中。尤其是亚微米粒子会分别沉积于上、下呼吸道和肺泡中，引起鼻炎、支气管炎等病症，长期处于这种环境还会诱发肺癌。霾天气还可导致近地层紫外线的减弱，易使空气中的传染性病菌的活性增强，从而导致传染病增多。二是影响心理健康。阴沉的霾天气容易让人产生悲观情绪，使人精神郁闷，遇到不顺心的事情甚至容易失控。三是影响交通安全。出现霾天气时，视野能见度低，空气质量差，容易引起交通阻塞，发生交通事故。

霾导致交通堵塞

丁丁小博士

这些气象灾害预警信号你认识吗？

台风预警信号

蓝 TYPHOON　黄 TYPHOON　橙 TYPHOON　红 TYPHOON

暴雨预警信号

蓝 RAIN STORM　黄 RAIN STORM　橙 RAIN STORM　红 RAIN STORM

暴雪预警信号

蓝 SNOW STORM　黄 SNOW STORM　橙 SNOW STORM　红 SNOW STORM

寒潮预警信号

蓝 COLD WAVE　黄 COLD WAVE　橙 COLD WAVE　红 COLD WAVE

大风预警信号

蓝 GALE	黄 GALE	橙 GALE	红 GALE

沙尘暴预警信号

黄 SAND STORM	橙 SAND STORM	红 SAND STORM

高温预警信号

黄 HEAT WAVE	橙 HEAT WAVE	红 HEAT WAVE

干旱预警信号

橙 DROUGHT	红 DROUGHT

雷电预警信号

黄 LIGHTNING	橙 LIGHTNING	红 LIGHTNING

冰雹预警信号

霜冻预警信号

大雾预警信号

霾预警信号

道路结冰预警信号

小 贴 士
如何获取气象灾害预警信息？

(1) 拨打天气预报查询电话12121或96121。

(2) 上网查询。

(3) 收听广播。

(4) 收看电视天气预报节目。

(5) 手机短信。

(6) 查阅报纸。

第三节
气象灾害防御

在我们日常生活中，认识气象灾害，懂得气象灾害的防御知识，就可以减少很多损失。

🌈 雷电及其防御

雷电就是我们所说的打雷闪电，是夏季一种常见的气象灾害，会导致人员伤亡、击毁建筑物、烧坏电器等。

1.雷电来临时在室外的注意事项：

(1)应迅速躲入有防雷设施保护的建筑物内或汽车里。

(2)应远离树木、电线杆、烟囱等尖耸、孤立的物体。

(3)如找不到合适的避雷场所时，应找一块地势低的地方，蹲下、双脚并拢、手放在膝上、身向前屈。

(4)在空旷场地不宜使用有金属尖端的雨伞，不宜把金属工具、羽毛球拍、高尔夫球棍等物品扛在肩上。

(5)切勿游泳或从事其他水上运动，不宜进行户外球类、攀爬、骑驾等运动，尽快离开水面以及其他

不宜把金属工具扛在肩上

打雷时切勿游泳

空旷场地，寻找有防雷设施的地方躲避。

（6）不宜开摩托车、骑自行车赶路，打雷时切忌狂奔。

2.雷电来临时在室内的注意事项：

（1）关好门窗，尽量远离门窗、阳台和外墙壁。

（2）在室内尽量不要触摸任何金属管线，比如金属水管、暖气管等。

（3）在没有防雷设施的房间里尽量不要使用家用电器，建议拔掉所有的电源插头。

（4）在雷雨天气不要使用太阳能热水器洗澡。

打雷时关好门窗   打雷时尽量不要触摸金属水管

🌈 大风及其防御

大风不仅能摧毁房屋、庄稼、树木和通信设施，而且会引起飞沙走石、移动沙丘、吞没良田等，大大影响人们的正常生产、生活。

1.大风来临前的注意事项：

（1）房屋抗风能力较弱的中小学校和单位应当停课、停业，人员减少外出。

（2）在房间里要小心关好窗户，在窗玻璃上贴上"米"字形胶布，防止玻璃破碎，远离窗口，避免强风席卷沙石击破玻璃伤人。

（3）停止露天活动和高空等户外危险作业，危险地带人员和危房居民尽量转到避风场所避风。

（4）切断户外危险电源，妥善安置易受大风影响的室外物品，遮盖建筑物资。

2.大风来临时的注意事项:

(1)尽量减少外出,必须外出时少骑自行车,不要在广告牌、临时搭建物下面逗留、避风。

(2)如果正在开车,应尽快驶入地下停车场或隐蔽处。

(3)如果住在帐篷里,应立刻收起帐篷到坚固结实的房屋中避风。

(4)如果在水面作业或游泳,应立刻上岸避风,船舶要听从指挥,回港避风,帆船应尽早放下船帆。

(5)在公共场所,应向指定地点疏散。

关好门窗,做好防护措施

大风来临时应立即上岸避风

🌈 暴雨及其防御

暴雨是短时间内降水强度很大的雨,一般在夏季发生。暴雨容易造成洪涝、交通堵塞、堤防溃堤和农作物被淹,不仅影响工农业生产,而且可能危害人们的生命,造成严重的损失。

1.暴雨来临前的注意事项:

(1)如果教室是危旧房屋,或处于低洼地方,老师学生应及时转移到安全地方。

(2)暂停室外活动,老师应立即组

建议学校暂时停课

气象灾害及其防御 **065**

织学生到高处暂避。

(3) 建议学校暂时停课。

2.暴雨来临时的注意事项：

(1) 不要在大雨中骑自行车，过马路要小心。

(2) 不可攀爬带电的电线杆、铁塔，也不要爬到泥坯房的屋顶。

(3) 暴雨期间尽量不要外出，必须外出时应尽可能绕过积水严重的地段。

(4) 发现高压线铁塔或者电线头下垂时，一定要迅速远避。

发现高压线铁塔或者电线头下垂时，一定要迅速远避

冰雹及其防御

冰雹在夏季或春夏之交最常见，是天上下的一些小的像绿豆、黄豆，大的像栗子、鸡蛋的冰粒。猛烈的冰雹会毁坏大片农田和树木、摧毁建筑物和车辆等，甚至会致人死亡，具有强大的杀伤力。

冰雹来临时的注意事项：

(1) 如在室内，应迅速关好门窗，并远离玻璃门窗，以免冰雹砸碎门窗玻璃，被玻璃碎片伤到。

(2) 如在室外，要迅速进入建筑物中，不要在高楼、广告牌、烟囱、电线杆、头顶有玻璃、木板、易塌房屋、易断树枝等场所下躲避。

(3) 如在野外，用物品或手臂保护头部，并尽快转移到安全的建筑物内。

(4) 下冰雹时，我们要顺风走，这样可以避免和冰雹的"正面冲突"。

(5) 另外要提醒一点，冰雹很不卫生，不能吃。

冰雹来临时及时向安全地带转移

向安全的建筑物内转移

冰雹不能食用

大雾及其防御

　　雾是对人类交通活动影响最大的天气之一。由于有雾时的能见度大大降低，很多交通工具都无法使用。雾天空气的污染比平时要严重得多，对人体健康不利。

　　大雾来临时的注意事项：

　　(1) 注意收听天气预报，关注大雾预警信号。

　　(2) 大雾天气应尽量减少户外活动，尤其是一些剧烈的活动，出门时最好带上薄口罩，外出回来后应该立即清洗面部及裸露的肌肤；大雾来临时，应暂停晨练。

　　(3) 冬季低温下出现大雾，容易诱发关节炎，因而要多穿衣服，注意防潮保暖。

（4）大雾天气容易造成一氧化碳中毒，靠室内煤炉取暖的人们要做好通风措施。

（5）由于老人和儿童的抵抗力较弱，要注意饮食清淡，少食刺激性食物，多吃些豆腐、牛奶等食品，必要时要补充维生素 D。

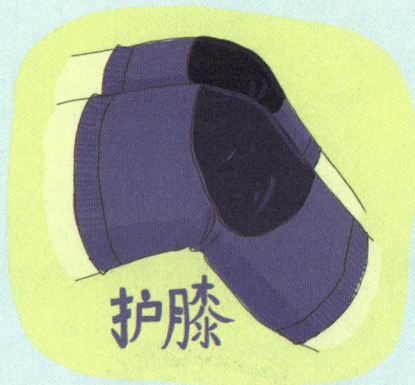

注意防潮保暖

驾车需开雾灯谨慎慢行

注意饮食健康

霾及其防御

霾一般呈黄色或橙灰色，常使物体的颜色减弱，使远处光亮物体微带黄、红色，黑暗物体微带蓝色。

在霾天气下应做到：

（1）老人孩子少出门。中等和重度霾天气下，抵抗力弱的老人、儿童以及患有呼吸系统疾病的易感人群应尽量少出门，或减少户外活动，外出时戴口罩防护身体。

（2）行车走路加小心。中等和重度霾天气下，能见度较低，视线差，驾车、骑车和步行的人们都应多加小心，特别是通过交叉路口和无人看管的铁道口时，要减速慢行，遵守交通规则。

（3）锻炼身体有讲究。中等和重度霾天气易对人体呼吸循环系统造成刺激，尤其是早晨空气质量较差，人们在进行锻炼时容易诱发肺心病等。通常来说，若无冷空气活动和雨雪、大风等天气时，锻炼的时间最好选择在上午到傍晚前的空气质量好、能见度高的时段进行，地点以树多草多的地方为好，霾天气时也应适度减少运动量与运动强度。

口罩

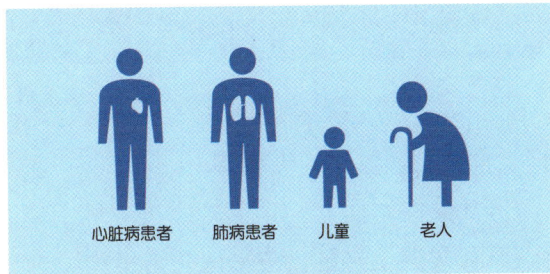

最易受影响的人群

台风及其防御

台风往往造成狂风、暴雨、巨浪和风暴潮等恶劣天气，引起海堤决口、船只沉没、房屋倒塌、庄稼淹没倒伏，破坏交通、电力设施等严重后果，是破坏力很强的气象灾害。

1.台风来临前的注意事项：

（1）关紧门窗。

（2）如果教室是危旧房屋，老师应组织学生马上转移避险。

（3）应及时停止露天集体活动或室内大型集会，并做好老师、学生疏散工作，学校可请示暂时停课。

2.台风来临时的注意事项：

（1）关好门窗尽量不要外出。

（2）如果在外面，尽可能远离建筑

远离广告牌等易坠物

停止游泳，上岸避风

工地、广告牌、铁塔、大树等。

(3) 如果在水面上（如游泳），应立即上岸避风避雨。

(4) 如果遇上打雷，应采取防雷措施。

高温及其防御

高温是指日最高气温达到35℃以上的天气现象。达到或超过37℃以上时称酷暑。连续高温酷暑会使人体不能适应而影响生理、心理健康，甚至引发疾病或死亡。

高温灾害的防御措施：

(1) 使用空调、电扇，以改善室内闷热环境。但不要长时间待在空调房内，以防止产生头疼头晕等所谓"空调病"。电扇不能直接对着头部或身体的某一部位长时间吹，以防身体局部受寒。

(2) 浑身大汗时，不宜立即用冷水洗澡，以防寒气侵入肌肤而患病。应先擦干汗水，稍事休息后再用温水洗澡。

(3) 汽车驾驶员要趁夜间气温

浑身大汗时，不宜立即用冷水洗澡

低时休息好，保证睡眠时间，以防因疲劳驾驶引发交通事故。

（4）高温天气宜吃咸食，多饮凉茶、绿豆汤等，以补充因出汗失去的水分和盐分。

（5）适量进行体育锻炼，以增强人体的耐热功能，提高适应高温环境的能力。

及时补充因出汗失去的水分

暴雪及其防御

暴雪天气是指24小时内降雪量大于或等于10毫米的降雪，它给人们的生活、出行带来了极大不便。

暴雪来临时的注意事项：

（1）注意添加衣服，做好防寒保暖工作。

（2）路上尽量不穿硬底或光滑底的鞋，当心路滑跌倒。

（3）在室外，要远离广告牌、临时搭建物和老树，避免砸伤。路过桥下、屋檐等处时，要小心观察或绕道通过，以免因冰锥融化脱落砸伤。

（4）如果教室是危旧房，应迅速撤出。

做好防寒工作

小心冰锥脱落伤人

🌈 道路结冰及其防御

如果地面温度低于0℃，道路上会出现积雪或者结冰现象。道路结冰分为两种情况：一种是降雪后立即冻结在路面上形成道路结冰；另一种是在积雪融化后，由于气温降低而在路面形成结冰。道路结冰是交通事故的罪魁祸首。从秋末到春初，如果地面温度低于0℃，道路上会出现积雪或结冰现象，易使车轮打滑或行人跌倒，造成交通事故或行人摔伤。

防滑链

道路结冰的防御措施：

(1)注意添衣保暖，出门最好穿防滑鞋，最好不骑自行车。

(2)司机应注意路况，减速慢行，不要猛刹车或急拐弯，小心驾驶。

(3)不要在有结冰的操场或空地上玩耍。

(4)行人要注意远离或避让机动车和非机动车辆。

气象之最
我国持续时间最长的干旱

1637—1643年的干旱（通常又称崇祯大旱），其持续时间之长、受旱范围之大，为近几百年所未见。我国南、北方23个省（区）相继遭受严重旱灾。干旱少雨的主要区域在华北，河北、河南、山西、陕西、山东，这些地区都连旱5年以上，旱区中心所在的河南省，连旱7年之久，以1640年干旱最为猖獗。在这期间瘟疫流行，蝗虫灾害猖獗。

做一做

动手做一份气象灾害防御知识手抄报，看谁做得既美观又生动。

第七单元
人工影响天气

国庆阅兵气象保障人工消雨获成功

庆祝新中国成立60周年首都阅兵的蔚蓝天空,是消云减雨的成果。2009年9月30日夜,北京大部分地区细雨绵绵。2009年10月1日凌晨2时30分,小雨停止,但阴云并没有散去。为减轻和消除低云对受阅空中梯队飞行的影响,按照空军预定计划,共出动数架人工影响天气作业飞机,每架飞机装载数吨高效环保型催化剂,依次进入作业区,由空军某研究所科研人员上机操作,按照一定的速度播撒。低云在催化剂作用下,迅速消失,这才有了国庆阅兵151架战鹰分秒不差、准确无误地通过天安门上空的壮观场景。

国庆当天天气晴朗

人工影响天气是指为避免和减轻气象灾害，合理利用气候资源，在适当条件下通过人工干预的方式对局部大气的云物理过程进行影响，实现增雨（增雪）、防雹、消雾、消云等目的的活动。

人工增雨

人工增雨是在有利于降水的天气条件下，采用人工干预的方法，在自然降雨之外再增加部分降雨的一种科学手段。

人工增雨是解决农业抗旱、水库蓄水、保护生态环境以及森林防火等问题的重要手段。

有人把云中的水比喻为一座水库中的水，闸门开启得小，流出的水量就小，人工增雨就是向云中播撒适量的催化剂，使"小水库"的闸门开大一点，以便让水多流出来一些，增大云的降水效率。

人工增雨

人工防雹

由于冰雹的形成和发展很快，常常会给一些地区的农业生产造成严重损失，有时甚至会导致果品绝产、粮食颗粒无收。我国不少地区开展人工防雹，避免和减轻了冰雹灾害。

所谓人工防雹，是采用人为的办法对一个地区上空可能产生冰雹的云层施加影响，使云中冰雹胚胎不能发展成冰雹，或者使小冰粒在变成大的冰雹之前就降落到地面。

3 碘化银颗粒进入云团，争食云中的水分形成雨滴，抑制冰雹增长

2 发射（打入云团）

4 增长不充分的冰雹下落或被融化成雨滴

1 检查碘化银炮弹

人工防雹示意图

产生冰雹的主要条件是云中要有强烈的上升气流,并且含有大量水分。只有这样,云中小的冰雹胚胎才有发展成冰雹的足够水分供应,才有充分的机会捕捉云中水分,使自身不断增大。

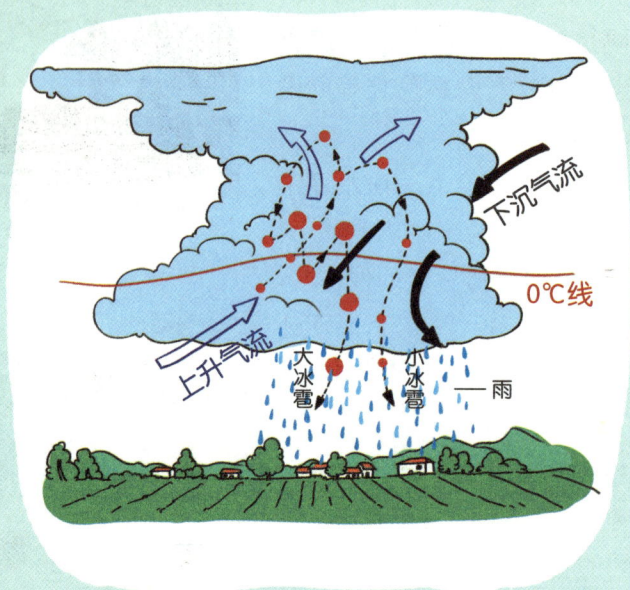

冰雹的形成原因示意图

丁丁小博士
人工防雹的原理是什么?

人工防雹的原理就是通过过量地播撒催化剂,在雹云中争食水分,使冰雹胚胎长不大。所采用的方法与人工增雨的方法类似,只是要达到防御冰雹的效果,一般需要向云中播撒过量的催化剂,以产生大量冰晶,迅速形成更多的水滴或冰粒，造成同冰雹胚胎竞争水分的优势，从而抑制雹块的增长。

🌈 人工消雾

人们通过向冷雾（温度在 0 ℃以下的雾）中播撒适当物质，产生大量冰晶，冰晶与水汽和水滴共存时，雾中的水汽便会迅速凝结到冰晶上，冰晶的增长抑制了水滴的增长，并促使水滴不断蒸发、数量减少，从而达到减少和清除大气中雾滴的效果。

人工消雾飞机正在做作业前的准备

丁丁小博士
人工影响天气会污染环境吗？

人工影响天气是微物理过程，而不是产生新物质的化学变化过程。人工影响天气作业中经常使用的干冰、液氮、碘化银等催化剂并不会造成环境污染。干冰、液氮汽化后成为二氧化碳和氮气，它们本身就是空气的组成部分，对环境不会产生影响。碘化银中的银离子是重金属，但碘化银用量极少，分散在很大的区域里面，单位体积的含量微乎其微。

气象老人
人工影响天气安全吗？

在开展人工影响天气作业前，首先要对作业点附近进行全面调查，选择人口少、重要目标少的区域作为射击区。

另外，在确定了火箭作业区域和范围以后，在作业前，人工影响天气部门会通过广播、电视等媒体发布一个安民告示，包括作业起始时间、作业区域和作业设备类型，通知相关区域的民众提前做好准备。

中国最早的一次人工降雨

中国最早的一次人工降雨是在1958年，这年夏季吉林省遭受到60年未遇的大旱。这次作业用的是食盐，由空军二航校的飞行员周正驾驶一架杜 −2 型轰炸机，在云层播撒了将近200千克食盐。

说一说

你所在的地方有没有人工影响天气的做法？

第八单元

气候变化

河南简称"豫"的来历

"豫"是河南的简称。这个简称很有意思,由"予"和"象"组成。"象"不用解释,就是现在陆地动物王国里的"大哥大"——大象。而"予"字,《现代汉语词典》是这样解释的:"人称代词。我。"把"我"和"象"组合到一起,则表示"我与象",也可解释为"我牵着一头象"。这令现代人百思不得其解,即使是脑筋反应再快的人,也不好把这两个字组合到一起的意思弄明白。但只要稍稍了解中国古代气候状况,知道尧舜和夏商时期中原的气候是多么炎热,"豫"字的出处就不难找到了。

根据著名气象学家竺可桢对中国五千年旱涝冷暖的研究,那时候正是中原一带的显著温暖期,河流纵横,森林茂密,修竹迎风,青山吐翠,大象、野牛、老虎成群,一派热带风光。而"豫州"所代表的河南正好位于中国中东部、黄河中下游,因此河南便被形象地描述为"人牵象"之地,这就是象形字"豫"的起源,也是河南简称"豫"的由来。

《说文·象部》对"豫"这样解释:"象之大者(贾侍中说),不害于物。从象,予声。"看来,"豫"就是长得很大的象。"不害于物",就是说象的个头虽然很大,但性格温顺,不会对人畜造成伤害,它不但不伤人,还能供人驱使。

今豫北安阳殷墟遗物有镂象牙礼器,又有很多象齿,说明黄河流域的象是当时的常见动物。豫州之名,正是此地多象、此地人善于役象的见证。

由于气候的变迁,河南现在的平均气温比尧舜和夏商时期低了好几摄氏度。当时频繁出没的野生大象,现在已转移到了云南的西双版纳一带。尽管如此,"豫"字作为河南的简称仍被保留了下来。

第一节

美丽而脆弱的地球

地球诞生于大约四十六亿年前，经过漫长而奇妙的进化、演变，它变成了一个如此美丽的星球。在历史的洪流中，地球气候始终处在变化之中，冷暖交替、干湿变化。然而，人类的进化与不断发展，对气候变化的影响越来越大，不合理的开发和利用自然资源，导致环境污染和生态破坏，异常气候灾害增加，使我们美丽的星球越来越脆弱。

气象老人
影响气候变化的因素有哪些?

气候变化是指一切基于自然变化或是人类活动所引起的气候变动。

气候变化影响的因素来自多方面，包括大陆漂移、太阳辐射、地球运行轨道变化、造山运动、洋流变化、温室气体排放等。地表许多间接影响气候的因素反应较慢，气候变化可能要等几个世纪，甚至更长的时间才能显现出来，如海洋温度变化、冰山融化等。

人类活动对气候有着直接和毋庸置疑的影响，其中人类对气候影响最大的因素是因为燃烧化石燃料和制造水泥，排放了大量的二氧化碳和粉尘。此外，土地利用、臭氧层破坏、畜牧业和农业活动、

环境污染

森林砍伐等，都会对气候有不同范围的影响，并成为气候变迁的因素。其中关于全球变暖问题，是对气候变化讨论最多的问题。

丁丁小博士
气候变化都带来哪些影响？

气候变化的影响是多尺度、全方位、多层次的，正面和负面影响并存，但它的负面影响更受关注。

全球气候变化对人类及生态系统已经产生可观测的影响，如海平面升高、冰川退缩、湖泊水位下降、湖泊面积萎缩、冻土融化、极端天气、珊瑚礁死亡、旱涝灾害增加、致命热浪、河（湖）冰迟冻与早融、中高纬生长季节延长、动植物分布范围向极区和高海拔区延伸、某些动植物数量减少、一些植物开花期提前等。自然生态系统由于适应能力有限，容易受到严重的甚至不可恢复的破坏，一些气候变化已经给人类带来了灾难。气候变化也改变了极端天气、气候事件发生的地域、频率及强度分布。据统计，20世纪90年代全世界发生的重大气象灾害比20世纪50年代多5倍。

人类从未面对如此巨大的环境危机，如果我们再不立即采取行动，阻止全球变暖，气候变化的影响将再也无法弥补。

气象老人
气候变化还给地球带来哪些意想不到的影响？

气候变化还让人们有机会看到地球上令人着迷的、相互关联的变化。以下列举了气候变化给地球带来的令人意想不到的影响：

沙漠细菌灭绝。由于气候变化导致温度变得不稳定，沙漠细菌可能很难适应，因而无法形成厚厚的细菌群硬结皮，即生物结皮，荒漠土将更容易受到侵蚀。

火山爆发频繁。由于气候变化造成冰川融水流入海洋，全球海平面上升，地壳承受的重量也将从陆地向海洋倾斜，这种重量转移可能会造成火山爆发更加频繁。

海洋变暗。气候变化将给世界一些地区带来更多降水或融化的雪水，让河水水流更大，卷起更多淤泥和碎屑，最终流入海洋，让海洋变暗，导致当地生态系统发生变化。

火山爆发

过敏加剧。由于气候变化造成春天过早到来，引起过敏的花粉也将过早飘浮在空气中，这将增加每年花粉的总量，让过敏人群症状加剧。

蚂蚁入侵减弱。大头蚁是地球上最具入侵性的物种之一，随着未来几十年的温度变化，这种大头蚁的生存范围将大大缩小，但这些变化将对本地昆虫有何影响还不十分清楚。

日光照射极地海底。随着冰川融化，更多日光将能照射到极地沿海水域的浅水处，影响在海底生活的、习惯黑暗环境的无脊椎动物，让该地区生物群体发生重大变化，更多海藻及其他海洋植物将让无脊椎动物窒息，这将极大地降低这些地区的生物多样性。

小贴士

气候变暖对中国天气的影响

中国气象局的研究成果表明，气候变暖后，我国极端降水事件呈增多、增强趋势，长江及长江以南地区年降水量和极端降水量趋于增加，江淮流域暴雨洪涝事件发生频率增加。春季和初夏大范围的干旱加剧，干热风频繁，夏季持续的高温和极端高温天气、风暴潮和台风发生的频率和强度增加，造成大规模的灾害，损失更为巨大。

想一想

我们身边气候变化带来的影响有哪些？

第二节
多种多样的中国气候

　　中国气候类型多种多样。东半部具有大范围的季风气候，即冬季盛行大陆季风，寒冷干燥；夏季盛行海洋季风，湿热多雨。青藏高原海拔高，面积大，形成独特的高寒气候。西北地区则因地处内陆，为海洋季风势力所不及，具有西风带内陆干旱气候。下面让我们详细认识中国的气候分布和特点。

气象老人
影响中国气候的主要因素有哪些？

　　影响中国气候的主要因素为地理纬度和太阳辐射、海陆位置和洋流、地形及大气环流。这四者又是相互影响、相互制约的，其中影响最直接的因素是东亚季风环流。

丁丁小博士
中国气候带如何分布

　　中国科学院根据不同的热量条件，将中国从北到南划分为寒温带季风气候、中温带季风气候、暖温带季风气候、亚热带季风气候、热带季风气候及南沙群岛地区的赤道季风气候带共6个气候带和1个高原气候区。

寒温带

　　分布在黑龙江北部和内蒙古东北部角上一小块地方。代表城市：黑龙江漠河。

中温带

东北大部，西北、华北北部。代表城市：吉林长春。

暖温带

华北、西北南部秦岭—淮河以北的地区。代表城市：北京。

亚热带

秦岭—淮河以南的大部分地区，除了海南、云南南部、台湾南部、雷州半岛。代表城市：江西南昌。

热带

雷州半岛、海南岛、云南南部、台湾南部。代表城市：海南海口。

赤道带

位于10°N以南诸岛。代表：南沙群岛。

高原气候区

青藏高原地区。代表城市：西藏拉萨。

气象老人
认识中国特殊的气候现象

山地气候

泰山具有明显的山地气候特征。泰山海拔高度1545米，泰山顶的气候与泰莱平原的气候迥然不同，因其高度，气候也具有明显的垂直变化的高山气候特征，山下为暖温带，山顶为中温带。泰山顶30年（1971—2001）平均气温5.6℃，年平均降水量为1042.8毫米，年大风日数162天，年大雾日数176天。

泰山极顶的高山气候特征，造成强烈的雷电、大风、暴雨、大雾、雨凇等灾害性天气，也孕育了独特壮丽的自然景观，如泰山四大奇观——旭日东升、晚霞夕照、泰山佛光、云海玉盘。

旭日东升

晚霞夕照

独特的华西秋雨

当中国大部分地区秋高气爽的时节，中国西南地区却正下着绵绵秋雨，四川、贵州两省的一些地区更是天无三日晴。成都市在1951—2005年的55年中，就有33年中秋之夜阴云低垂，夜雨霏霏；11年云厚天暗，星月隐蔽。

连绵的江淮梅雨

每年初夏，正值江淮梅子黄熟、梅林飘香的季节，中国长江中下游地区的天空却阴沉得像一块灰色的幕帐，连绵阴雨，数日不见太阳，这就是人们常说的江淮梅雨。梅雨是东南亚地区特有的天气气候现象，每年盛夏前后，来自西伯利亚和蒙古一带的十冷气团与来自海洋上的暖湿气团在这一区域相遇，形成梅雨的冷暖气团势均力敌，造成持久的梅雨天气，结果阴雨连绵，或暴雨频繁，洪水泛滥。

华西秋雨

江淮梅雨

奇妙的拉萨夜雨

每年7—8月间，西藏拉萨白天晴空万里，骄阳似火，到了傍晚，天空的云就慢慢多起来，云层变厚、云底降低，继而乌云密布、雷鸣电闪、雨声沥沥。黎明之前，夜雨常常最大，但天一亮，就渐渐停息，云也很快消散。这种典型的夜雨，不仅发生在拉萨河谷，也发生在楚河谷中的日喀则、西昌盆地中的西昌、元江河谷中的河口等地。

拉萨

气象之最
世界上最冷的地方

俄罗斯东西伯利亚奥伊米亚康盆地的村镇——奥伊米亚康（Oymyakon），12月至次年1月，平均气温均低于−45℃，有的年份甚至低于−60℃。绝对最低温度曾达−71℃，为北半球最冷的地方，但仍旧有4000名村民祖祖辈辈住在那里。

奥伊米亚康

说一说
你居住的地方属于中国的哪个气候带？

第三节
与气候变化有关的现象

人类影响气候，气候也影响人类。进入20世纪80年代后，全球气温明显上升。全球气候变暖会使全球降水量重新分配、冰川和冻土消融、海平面上升等，既危害自然生态系统的平衡，更威胁人类的生存。了解与气候变化有关的现象，可以让我们更加懂得保护我们赖以生存的自然。

温室效应

温室效应最早是法国学者在1824年提出的。近年来，大气的温室效应随着人类活动增强，已引起全球气候变暖等一系列严重问题，引起了世界各国的关注。

温室效应，又称"花房效应"，是大气保温效应的俗称。

大气能使太阳短波辐射到达地面，但地表向外放出的长波热辐射却被大气吸收，这样就使地表与低层大气温度增高，因其作用类似于栽培农作物的温室，所以称为温室效应。

近几十年，随着人口的急剧增加，工业的迅速发展，城市化进程的加快，森林被大量砍伐，人类活动引起大自然排放的二氧化碳以及甲烷、臭氧、氯氟烃、水汽等温室气体显著增加，导致温室效应不断增强，引起一系列气候变化的严重问题。

气象老人
温室效应对环境有哪些影响？

温室效应直接的反映是全球温度的升高，地球变暖，从而影响全球的生态平衡，最终导致全球发生大规模的迁移和冲突。造成的影响如：地球上的病虫害增加、气候反常、土地沙漠化、缺氧、亚马孙雨林逐渐消失等。

土地沙漠化

丁丁小博士

面对温室效应，我们应该怎么做？

为减少大气中过多的二氧化碳，我们可以一方面要求人们尽量节约用电，绿色出行，减少温室气体排放；另一方面保护好森林和海洋，比如不乱砍滥伐森林，不让海洋受到污染以保护浮游生物的生存。我们还可以通过植树造林，减少使用一次性方便木筷，节约纸张，不践踏草坪等行动来保护绿色植物，使它们多吸收二氧化碳来帮助减缓温室效应。

冰川消融

冰川消融是指由冰的融化和蒸发引起冰川消耗的现象，它是冰川物质消耗的主要方式。

南极冰川

科学家研究发现，格陵兰岛和南极洲世界两大冰原的冰层正在以每年约3000亿吨的速度大量消失，而且这个速度正在加快。与最初几年的卫星资料相比，冰层融化导致的海平面上升在最近几年几乎已经加倍。

气象老人
冰川存在的意义

地球是个有水的星球，绝大部分的淡水主要以冰川的形式出现在地球上，保存在南北两极和一些高海拔的山地上，这是地球上的固体水库。发育在中纬度地区的山地冰川又像是一座座水塔，哺育着众多的大江大河，冰川从某种意义上来说就是江河之源。而冰川与地球环境的变迁又有着密切的关系，影响着气候，也影响着生命的存在。

在全球气候不断变暖的今天，人类迫切需要了解较长时间以来地球气候变化的规律。而冰川作为固体水库，它厚达数十米乃至数千米的冰层记录了长时间的气候变化。人类通过对冰芯（大块冰的内部，深藏在冰内的，很稀有）的研究，可以精确地了解过去70万年以来地球上的气候信息。冰芯，被认为是记录气候变化的指针。

丁丁小博士
冰川消融造成的影响

冰川消融带来的主要影响首先是冰川融水注入海洋，导致海平面升高，引起海岸滩涂湿地、红树林和珊瑚礁等生态群丧失，北极熊和海象将灭绝，许多小岛将无影无踪，海岸侵蚀，海水入侵沿海地下淡水层，沿海土地盐渍化等，从而造成海岸、河口、海湾自然生态环境失衡，给海岸带生态环境系统带来灾难，甚至如媒体报道的将导致全球3000多个城市被淹没。

冰川消融对全球地表热量平衡、大气环流和海洋洋流也有重要影响。极地冰盖大量融化产生的冷水注入海洋导致大气环流的改变，以至于改变海洋和大气的相互作用状态，进而影响全球气候。

冰川消融还会导致固体水资源的储量减少，造成水资源短缺。这方面受影响较大的如我国的干旱地区新疆的南疆，那里的农业和牧业主要依靠雪山融水，塔里木河与河西走廊也主要取决于冰川补给。

高山冰川强烈融化还会导致一些自然灾害的发生。例如冰湖溃决、洪水、冰川泥石流等，在青藏高原东南部和喜马拉雅山等地区较为突出。欧洲阿尔卑斯山等地区冰川融水是重要的水电资源，冰川变化对能源供给影响巨大。

冰川融化

还有研究称，冰川融化会释放病毒，给人类带来毁灭性的灾难。科研人员在从极地钻取的冰芯中发现，其中含有古老的病毒，而且经过了几千万年，这些病毒居然还是活的。他们认为，极地冰川是古老病毒的最大库存地，一旦冰川全部融化，这些病毒就可能会释放出来，给人类制造一场空前的大灾难。

小 贴 士

中国冰川也在加速消融吗？

数据显示，近40年来，我国冰川面积缩小了3248平方千米。而20世纪90年代以来，冰川退缩的幅度急剧增大，原来前进或稳定的冰川转入了退缩状态。随着冰川的加速消融，对冰川补给性河流而言，虽然短期内增加了径流（指降雨及冰雪融水在重力作用下沿地表或地下水流动的水流），但最终会导致河流枯竭、水荒发生。

梦柯冰川，祁连山区最大的山谷冰川，它的末端在50年里后退了300米。

长江源头昆仑山的玉珠峰冰川平均每年退缩43米。

新疆天山一号冰川是世界上距离城市最近的冰川，持续加速消融和退缩，在1962—2006年期间减少了14%，厚度减小15米多。

🌈 厄尔尼诺与拉尼娜

厄尔尼诺、拉尼娜均为西班牙语的音译，分别是"圣婴"（上帝之子）和"圣女"的意思。厄尔尼诺现用来专门指赤道太平洋东部和中部海洋表面水温大范围持续异常增暖的现象。而拉尼娜是用来指赤道太平洋东部和中部海洋表面水温大范围持续异常变冷的现象。厄尔尼诺和拉尼娜常常手拉手结伴来去。

丁丁小博士
厄尔尼诺和拉尼娜是怎样形成的？

正常情况下，赤道太平洋海面盛行偏东风（称为信风），大洋东侧表层暖的海水被输送到西太平洋，西太平洋水位不断上升，热量也不断积蓄，使得西部海平面通常比东部偏高40厘米，年平均海温西部约为29℃。

但是，当某种原因引起信风减弱时，西太平洋暖的海水迅速向东延伸，海温在太平洋西侧下降，东侧上升，形成厄尔尼诺。

相反，当信风持续加强时，赤道太平洋东侧表面暖水被刮走，深层的冷水上翻作为补充，海表温度进一步变冷，就容易形成拉尼娜。

气象老人
厄尔尼诺和拉尼娜的危害

厄尔尼诺和拉尼娜的出现都将使海洋的生态失去平衡，传统的季风和洋流被打乱，引起气候突变，带来可怕的灾难。

1925年，秘鲁因厄尔尼诺的光临而陷入巨大的灾难之中。暖流涌入秘鲁的冷水海域，海面温度急剧升高了3—5℃，大量冷水鱼因不适应热水环境而死亡，死鱼的尸体漂满了海面，使营养丰富的深水无法升上来，从而使海洋生物的繁殖大大减少，造成适应冷水的浮游生物也大大减少，鱼类也减少，连锁反应，其他的海洋生物也大量减少、死亡，海鸟因没有食物而死亡或迁徙，南美国家由于失去了宝贵的鸟粪肥料而使农业受损。

1983年厄尔尼诺光临美洲，墨西哥降雨量增加了1.5倍；美国发生了巨大的洪水，落基山大雪覆盖，加利福尼亚州降水增加了3倍，罕见的东北飓风形成环流剧烈移动，夏威夷庄稼和建筑物损失2亿美金。

1991—1992年和1994—1995年的厄尔尼诺使澳大利亚东部发生60年来最严重的干旱，持续时间长达4年之久。

拉尼娜紧随厄尔尼诺，携手添灾难。1998年6—7月中国长江流域、华南地区降雨频繁，长江出现百年不遇的特大洪水，广东、广西、云南降雨量也大大增加，在华北、东北也出现严重洪水灾难。就在厄尔尼诺即将过去的时候，热带中、东太平洋的表层海水温度在一个月的时间内下降了7—8℃，使海水表面的温度比正常的气候值低了2—3℃，竟然出现了冷水事件。这样，本来将因夏季的到来而北上的雨带，由于南方空气变冷下沉，从而退回，使长江流域及长江以南地区出现又一次的大量暴雨，引发了更加严重的洪水灾害。

小 贴 士

厄尔尼诺和拉尼娜对中国气候的影响

厄尔尼诺年，中国夏季东亚季风减弱，主要季风雨带偏南，江淮流域多雨的可能性增大，而北方地区特别是华北到河套一带少雨干旱，而拉尼娜年正好相反。在厄尔尼诺年的秋冬季，北方大部分地区降水比常年减少，南方大部分地区降水比常年增多，青藏高原多雪，而在拉尼娜年的秋冬季我国降水的分布为北多南少型。

在厄尔尼诺年，我国常常出现暖冬凉夏，特别是我国东北地区由于夏季温度偏低，出现低温冷害的可能性较大。拉尼娜年我国则容易出现冷冬热夏。

在西太平洋和南海地区生成及登陆我国的台风次数，厄尔尼诺年比常年少，拉尼娜年比常年多。

做一做

自己查资料，做一期关于气候变化现象的手抄报。

第四节
人与自然和谐相处

建立人与自然的和谐共处、协调发展关系，是人类生存与发展的必由之路。

气象老人
我们应该怎样做到人与自然和谐相处？

人与自然和谐相处需要人类遵循大自然的生存原则，不破坏大自然的系统循环，不让人类的存在成为大自然的负担。人类要从自身做起，摆正与自然的关系，珍惜自然资源，承担起自然平衡的责任，禁止无道德的野蛮行为。

丁丁小博士
《联合国气候变化框架公约》

《联合国气候变化框架公约》（简称《框架公约》，英文缩写 UNFCCC）是1992年5月22日联合国政府间谈判委员会就气候变化问题达成的公约，于1992年6月4日在巴西里约热内卢举行的联合国环境与发展会议上通过。《框架公约》是世界上第一个为全面控制二氧化碳等温室气体排放、应对全球气候变暖给人类经济和社会带来不利影响而达成的国际公约，也是国际社会在应对全球气候变化问题上进行国际合作的一个基本框架。

做一做
面对全球变暖的问题，我们可以做些什么力所能及的事呢？

第九单元

气象与生活

气象小故事
赔偿风波

　　1978年，一场可怕的飓风袭击了美国的东北部地区，远离海洋的许多房屋被洪水淹没摧毁了。可是不少房主却没有得到保险公司的赔偿，理由是他们保险公司的保险条款上没有洪水灾害这一条，只有大风灾害赔偿的相关内容。后来，问题转到法庭上，原告请来了一位气象学家来帮忙。在法庭上，双方据理力争。结果怎样呢？在知道结果之前，让我们先了解一些有关飓风的知识。

　　同是热带海洋上的强烈空气旋涡，由于发生地区不同，有不同的称呼：在太平洋西北部地区习惯称为台风，在大西洋称为飓风，在北印度洋称为风暴等。可见，台风、飓风、风暴等，尽管名称不同，但实质一样，都是热带气旋强烈发展的一种特殊形式。

　　我们平时说的"台风"这名称，是历史上沿用下来的，与国际规定的标准不一致。我国已从1989年1月1日起，采用国际热带气旋名称及等级标准。现在中央电视台每晚《新闻联播》后的《天气预报》节目等都采用这个国际标准：热带气旋中心附近的平均最大风力小于8级的，称为热带低压；8—9级的称为热带风暴；10—11级的称为强热带风暴；12级或12级以上的称为台风。

　　台风具有很大的破坏力，严重威胁着人们生命财产的安全，是一种灾害性天气。1970年11月12日，台风从孟加拉湾北上登陆时造成巨大海啸，浪高达6—7米，地面积水深达4米，有30万人丧生。

　　至此，你可能已经猜想到法庭判决的结果了吧？正如原告请来的气象学家分析的那样：这些房屋事实上是首先被飓风摧毁，后来才被洪水淹没的。原告理所应当得到保险公司的赔偿。

第一节
气象与农业

农作物生长在大自然中，无时无刻不受气象条件的影响，因此农业生产与气象息息相关。

风、雨、雪、雹、冷、热、光照等气象条件对农业生产活动都有很大的影响。据1991—2010年数据资料统计，我国平均每年因各种气象灾害造成的农作物受灾面积达4800多万公顷。

正值上市期的越冬茄子被霜冻打蔫

其中，旱灾是对我国的农业生产具有显著的影响的灾害之一，在1951—2000年间，全国年平均干旱受灾面积就达近2200万公顷之多。由此可见，认识和掌握当地的天气气候规律，积极采取防御措施趋利避害是非常重要的。

研究气象条件与农业生产相互作用关系及其规律是一门科学，叫农业气象学。农业气象学的研究不断揭示和解决农业生产中存在的各类气象问题，为科学合理地利用自然资源，防止和减轻农业自然灾害，实现农业生产的优质高产、低耗高效可持续发展服务。

丰收

第二节
气象与工业

在庞大的工业系统中，几乎所有的行业都会受到气候的影响。工业布局、工业建设、工业生产过程与气候条件密切相关。

无论是厂址的选择、厂房的设计，还是原料储存、制造、产品保管和运输等各环节，都受温度、湿度、降水、风、日照等气象条件的影响。特别是灾害性天气，如热带风暴和暴雨洪水会引起输电线路中断或厂房、设备损坏，仓库被淹以及工人伤亡等；由干旱引起供水不足；雷电等引起火灾；低温造成水管和输油管冻裂及其他冻害；高温低湿容易诱发火灾和爆炸；高温高湿易造成原材料等的腐蚀、霉烂，以及影响工人的身体健康和生产效率等，这些都直接或间接地影响着工业生产。

丁丁小博士
气象对电力的影响

电力的供应在现代社会关系到千家万户，而架空送电线路暴露在露天的环境下，冻雨、风、覆冰、气温、雷电、雨雪等气象要素对它有明显的影响。

风对送电线路的影响

大风增加导地线及杆塔的荷载，严重时导致导地线断线或杆塔倒塌。微风振动会导致架空送电线路"导地线"断股。

覆冰对送电线路的影响

由于冻雨造成的覆冰使得电线垂直机械荷载增大，当覆冰厚度过大时引起导地线断线或杆塔倒塌。

气温对架空送电线路的影响

在送电线路中，电线是以杆塔为支持物悬挂起来的。电线是悬挂在两个

大风导致电线杆倒塌

冻雨影响输电线路安全

固定点上的一根柔软的"悬链线"。冬季气温越低架空线受到的应力越大，应力超过了限度会出现断线事故危及电网。夏季温度很高时，电线弯得厉害，它与地面的距离缩小，对人畜及车辆有威胁。

雷电对架空送电线路的影响

电网中的条条电力线路纵横旷野，覆盖面积大，遇到雷电的机会多。线路着雷危害最大的是导线直击雷，它直接击中导线，在导线上产生很高的雷电过电压，从而引起绝缘设备沿绝缘体表面放电。

第三节
气象与建筑

人类历史上最早出现的建筑雏形——巢、穴和窝等，就是古人为抗御风、雨、寒、暑等天气而建造的供自己休息的原始住所。

到北宋初年，著名的木结构建筑匠师喻浩，在宋都东京汴梁（今开封）建造八角形、高36丈（120米）的开宝寺塔时，根据当地最大风速的方向为西北风的特点，将塔身略倾斜于西北方，以抵抗风压力的作用，这是建筑史上最早考虑风压的建筑物。

华南地区至海南一带降水充沛，夏秋多台风，降水强。城市的楼房多建有露台、走廊，力求高大、宽敞及通风，以避雨遮阳。房顶设计多为人字形，有"滤水"和不易积水的功能。在我国东南沿海的厦门、汕头、广州、南宁和台湾等地都有这种南方特色建筑，例如骑楼，上楼下廊。廊，遮阳又防雨，即使下起雷雨，人们仍可泰然自若地从一家商店逛到另一家商店。

到了西南边陲的西双版纳，人们常能见到另一种风格的建筑——竹楼。它是以竹木为主要材料建成的独立式楼房，通风、防潮。竹楼的底层用二三十根柱子架空，四周敞开，可圈养牲畜和放置农具等，楼上住人。这种轻盈的竹楼式建筑，主要适应当地常年空气湿度大、暑热难熬的气候。

开宝寺塔

骑楼

第四节

气象与交通

进入现代社会，汽车、火车、飞机等交通工具给人类带来便利快捷的出行服务，但它们对气候条件的依赖反而更加明显。大雾、大风、暴雨、低温、积雪、积冰等灾害性天气每年都造成数以万计的交通事故。

🌈☁️ 气象对公路的影响

公路水害每年都有发生，2010年，南方降水过程持续时间长，降水强度大，部分地区强降水引发山体滑坡、泥石流等地质灾害，导致铁路、公路等交通受到严重影响。

此外，还有公路结冰的危害。贵州省每年12月下旬到元月份的冻雨灾害给公路运输带来很大影响。

道路结冰引起交通事故

🌈☁️ 气象对铁路的影响

铁路作为陆上交通重要的载体，对天气的影响反应十分敏感。大风、暴雨、泥石流影响铁路正常运行、编组装卸等露天作业，甚至对铁路设施造成破坏，引起列车颠覆等重大交通事故。

2006年4月9日晚7时许，从乌鲁木齐发往北京的T70次列车运行至小草湖附近时，遭到风力达14

沙尘暴掩埋铁轨

级以上特大沙尘暴狂袭，几乎在很短的时间内，车体窗户双层钢化玻璃被击碎。

气象对航空的影响

飞机的起飞和着陆，以及在高空的飞行等都受着气象条件的制约。由于气象原因造成航空事故的事件频繁发生。

1972年2月27日，一架伊尔-18型飞机在我国沈阳东塔机场降落时，因能见度低，致使飞机在机场外坠毁。

2010年4月10日，波兰总统莱赫·卡钦斯基赴俄罗斯参加卡廷

浓雾致航班延误

惨案70周年纪念活动，在斯摩棱斯克"北方"军用机场附近飞机失事身亡，机上其他95人也在事故中全部遇难，其中包括总统夫人以及很多波兰高官。经过分析，造成此次空难的因素之一是事发时斯摩棱斯克大雾弥漫，能见度较低，飞机在降落时撞上了机场附近的树丛。

第五节
气象与军事

气象研究最初就是因为军事需要而催生出来的，世界上第一张天气图就是诞生在战争中。气象对作战的影响，历来被兵家所重视。从历史上著名的战例来看，对战争危害较大的气象灾害有暴雨洪涝、台风、冷冻、高温、大雾以及因气象引起的疫病等。

1815年6月18日，在著名的滑铁卢战役的决战前夜，忽降大雨，田野、道路泥泞，兵马难行。法国援军无法赶到，致使拿破仑大败，从此被流放至死。

也有善于利用天气在战争中取胜的例子。1943年9月，美国第五集团军用飞机播撒造雾剂，在意大利沃尔图诺河上制造了一条约为5000米长、1600米宽的雾层，浓雾为美军的行动创造了良好的掩护，使美军得以顺利渡河作战。

小贴士
奇妙的大气光学现象

大气光学现象是指大气中发生的各种光学现象。主要有彩虹、霞、晕、华、幻日、峨眉宝光、海市蜃楼、极光等。

彩虹

彩虹是一种光学现象。当太阳光照射到空气中的水滴，光线被折射及反射，在天空中形成拱形的七彩光谱。彩虹通常是在雨后出现。彩虹的颜色，从外至内分别为：红、橙、黄、绿、青、蓝、紫。

一般来说，只有夏天才有彩虹，这是因为夏天多阵雨，有时，东边

彩虹

日出西边雨，雨的范围又不大。而冬天干冷，很少下雨，降雪是不会形成彩虹的。

霞

霞，是由于日出和日落前后，阳光通过厚厚的大气层，被大量的空气分子散射的结果。霞分朝霞和晚霞。当空中的尘埃、水汽等杂质愈多时，其色彩愈显著。

有句谚语叫"朝霞不出门，晚霞行千里"。春夏早上，低空空气稳定，尘埃少，如有鲜艳的朝霞，表示东

霞

方低空含有许多水滴，有云层存在，坏天气将逐渐逼近，这就是"朝霞不出门"的原因。傍晚由于一天的阳光照射，温度较高，低空大气中水分一般不会很多，但尘埃因对流变弱而可能大量集中到低层。如出现鲜艳的晚霞，则主要由尘埃等干粒子对阳光散射所致，说明西方的天气比较干燥。按照气流由西向东移动的规律，未来本地的天气不会转坏，所以有"晚霞行千里"的说法。

晕和华

晕由空中悬浮的大冰晶产生，光环很大，其色序为内红外紫。白天看到以太阳为中心的晕称为日晕，夜晚透过月亮看到的晕称为月晕。晕的出现与天气变化有密切关系。出现在卷云或卷层云中，是锋面天气即将来临的预兆，在华南夏秋季节则常是台风侵袭的预兆。

晕

华的光环比晕要小得多，色序正好相反：内缘呈现青蓝色，中间以黄色为

主，最外缘为红色。由于环境污染，特别是大城市固体颗粒物严重超标，往往天空为浓密的灰尘所笼罩，也可能出现类似华的现象，而且半径大得多。能够看到华这种不常见的天气现象当然是件赏心悦目的事，但因空气污染而看到，不见得是好事。

幻日

幻日又称多日并观，是大气的一种光学现象。在天空出现的半透明薄云里面，有许多飘浮在空中的六角形柱状的冰晶体，偶尔它们会整整齐齐地垂直排列在空中。当太阳光射在这一根根六角形柱状冰晶体上，就会发生非常规律的折射现象。在人们眼中，真太阳两边就会出现另外的太阳，实际上是太阳的虚像。2012年7月5日，浙江嘉兴的天空中出现的"两个太阳"，2012年12月10日，上海上空出现的"三个太阳"，都是"幻日"现象。

幻日

"幻日"现象一般会出现在早晨5时30分至6时之间或者上午9时左右，傍晚也会出现。这种现象持续的时间一般不会太长，短则几分钟，长则几十分钟。

峨眉宝光

峨眉宝光又叫峨眉佛光。峨眉佛光出现在金顶，当阳光从观察者背后照射过来至浩荡无际的云海上面时，深层的云层就把阳光反射回来，经浅层云层的云滴或雾粒的衍射分化，形成了一个巨大的彩色光环。在金顶舍身岩上俯身下望，会看到五彩光环浮于云际，自己的身影置于光环之中，影随人移，决不分离，这便是令人惊奇的峨眉宝光。

19世纪初，科学界便把这种难得的自然现象命名为"峨眉宝光"。在金顶的舍身岩前，这种自然现象并非十分难得，据统计，平均每五天左右就有可能出现一次便于观赏峨眉宝光的天气条件，时间一般在午后3时至4时之间。

海市蜃楼

平静的海面、大江江面、湖面、雪原、沙漠或戈壁等地方，偶尔会在空中或地面出现高大楼台、城郭、树木等幻景，称为海市蜃楼，简称为蜃景。

海市蜃楼常在海上、雪原、沙漠中产生，是地球上物体反射的光经大气折射而形成的虚像。

海市蜃楼

极光

极光是在地球南北两极附近地区的高空夜间出现的灿烂美丽的光辉，在南极称为南极光，在北极称为北极光。极光有时出现时间极短，犹如节日的焰火在空中闪现一下就消失得无影无踪；有时却可以在苍穹之中辉映几小时。极光的形状也是多种多样的。有时像一条彩带，有时像一团火焰，有时像一张五光十色的巨大银幕，仿佛上映一场球幕电影，给人视觉上美的享受。

极光

早在2000多年前，中国人就开始观测极光，有着丰富的极光记录。

想一想

天气变化给我们的生活带来了哪些有利和不利的影响？

第十单元

气象志愿者

气象小故事

"追风小组"的追风之行

为了更深入地研究台风等灾害性天气系统，中国气象局上海台风研究所专门成立了"追风小组"。"追风小组"的移动探测主要利用"追风车"，"追风车"是一辆白色的依维柯面包车，比普通的依维柯重4倍，重达4吨。追风车上整个车厢只有三个座位，其余空间摆放了各种各样的仪器。

"追风小组"的第一次追风经历并不顺利。由于台风"帕布"在台湾恒春登陆后减弱，最终与"追风小组"无缘。

就在与"帕布"擦肩而过几天后，"追风小组"得知第九号台风"圣帕"即将来袭。在各方专家的商议下，他们决定南下，到福建南部的崇武镇开展观测。"追风小组"将"追风车"尽可能靠近海边。2007年8月17日晚上8点，风力开始变大，平日稳如泰山的"追风车"开始左右摇晃。这对于"追风小组"的成员来说，却是一个好兆头。

观测现场，"追风小组"成员把自重4吨的追风车"五花大绑"。他们除了在底盘增加重量保持车身平稳外，还用食指粗的钢绳将汽车四个角固定在地面上。人在户外工作必须支起钢绳，一手拉着绳子，一手操作仪器。

根据卫星云图分析，台风"圣帕"将于当天凌晨登陆。"追风小组"成员提前3小时就走出"追风车"，外面狂风呼啸，行走已经变得十分困难。此时此刻，他们开始了"追风"最为关键的一项工作——每隔3小时，放飞一个探空气球。在正常情况下，给这样一只气球充氢气或者氦气，几分钟就能搞定。但是在狂风暴雨中，足足需要充半个小时。有两次，好不容易将气球充满，突然，一阵猛烈的飓风，如同刀子一般，朝气球袭过来，气球在暴风雨中狂舞，扭曲变换着各种形状，"啪"的一声，被风削去了整个主体，只剩下一个皱巴巴的气球手柄。

迄今为止，"追风小组"已经进行多次"追风"行动，他们热衷于"追风捕影"，和老天斗智斗勇，搜集了很多宝贵的第一手的台风资料。

气象志愿者是指基于对气象科学的爱好和对公益事业的热心，不为物质和报酬，自愿参加气象志愿者活动，为气象工作提供帮助的个人。只要你热爱气象科学，只要你对气象有浓厚的兴趣并愿意学习了解相关的基本知识，就加入气象志愿者的队伍吧！

气象老人
组建气象志愿者队伍的意义

气象事业是科技型、基础性社会公益事业，做好气象服务是气象部门和公民的共同义务。组建气象志愿者队伍，开展气象知识的传播和气象业务的服务，深入基层、服务群众，能够进一步扩大气象防灾减灾的应急保障队伍，更快速、有效地开展气象服务和防灾减灾活动。气象志愿者队伍的宗旨以"民生气象、社会气象、现代气象、和谐气象"为理念，积极组织和动员社会各界人士，吸纳广泛的智慧和力量参与和支持气象事业发展，促进气象部门更好地开展气象服务，最大限度地为预防和减轻自然灾害，为社会经济建设贡献力量。

气象志愿者在学校开展科普活动

丁丁小博士
气象志愿者需要符合的基本条件

（1）遵守国家的法律、法规和规章及制度，具有良好的思想道德品质和奉献精神。

(2) 热爱气象，对气象有浓厚的兴趣，并愿意学习了解相关的基本知识。

(3) 具有初中以上文化程度，身体健康，年龄在18岁以上，具有民事行为能力的公民。

(4) 有特殊要求的气象志愿者 (如重大活动气象志愿者) 入选的条件以具体工作要求为准。

气象老人
气象志愿者的义务

(1) 接受气象部门有关气象志愿者工作的培训与管理。

(2) 宣传普及气象法律法规和各种气象科普知识。

(3) 协助收集当地气象灾害和特殊天气现象资料，及时向气象部门反映，提供气象现象图片或灾情线索，并进行跟踪报告。

(4) 可通过手机短信、气象网站、网上邮箱、传真电话或书面等方式积极向气象部门反馈市民对天气预报、信息服务、气象宣传、气象执法等方面的意见和要求。

(5) 遵守国家法律法规及气象志愿者组织的相关规定。

丁丁小博士
气象志愿者的作用

(1) 指导社会公众科学避险。

(2) 协助政府和有关部门做好防灾减灾工作。

(3) 协助当地气象部门作好灾情调查、评估和鉴定。

(4) 协助当地气象主管机构维护气象设施。

(5) 气象灾害防御知识和气象科普常识普及、宣传。

(6) 开展气象服务效益收集。

丁丁小博士
气象志愿者的权利

(1) 及时获取灾害性天气预警信息和有关气象信息。

(2) 优先获得气象有关法律法规及有关气象科普资料。

(3) 优先参加气象部门组织的气象科普知识讲座及专家咨询活动。

(4) 优先参加气象部门组织的专题气象调研、灾害性天气调查活动及其他有关活动。

(5) 相关法律、法规、政策所赋予的权利。

气象老人
气象志愿者注意事项

(1) 气象志愿者不得以气象志愿者身份从事任何以营利为目的的活动，以及违背科学及社会公德的活动。

(2) 气象志愿者应遵守《气象法》，不得传播从非国家气象主管机构所属气象台站渠道获得的气象信息。

(3) 对不履行气象志愿服务义务的，或者因其个人行为对气象工作造成不良影响的，利用气象志愿者的名义从事营利性或非法活动，气象志愿者管理部门将视情节采取提醒、教育直至取消其注册资格；构成犯罪的，移交司法机关处理。

(4) 气象志愿者由于个人原因（如工作调动、长期外派等原因）长期离开当地，请在离开之前，及时告知气象志愿者负责人，以便统计信息。

说一说

你认为怎样才能做好气象志愿者？